Sanierung und Entwicklung umweltbelasteter Räume

Bernhard Müller/Jörg Rathmann/Peter Wirth

Sanierung und Entwicklung umweltbelasteter Räume

Modellvorhaben in einer
ehemaligen Uranbergbauregion

unter Mitarbeit von:

Jana Bovet
Rainer Danielzyk
Holger Dienemann
Gert Dudel
Walter Freyer
Gerard Hutter

PETER LANG
Frankfurt am Main · Berlin · Bern · Bruxelles · New York · Oxford · Wien

Die Deutsche Bibliothek - CIP-Einheitsaufnahme

Müller, Bernhard:

Sanierung und Entwicklung umweltbelasteter Räume :
Modellvorhaben in einer ehemaligen Uranbergbauregion /
Bernhard Müller / Jörg Rathmann / Peter Wirth. - Frankfurt am
Main ; Berlin ; Bern ; Bruxelles ; New York ; Oxford ; Wien :
Lang, 2002
  ISBN 3-631-38644-3

ISBN 3-631-38644-3

© Peter Lang GmbH
Europäischer Verlag der Wissenschaften
Frankfurt am Main 2002
Alle Rechte vorbehalten.

Das Werk einschließlich aller seiner Teile ist urheberrechtlich
geschützt. Jede Verwertung außerhalb der engen Grenzen des
Urheberrechtsgesetzes ist ohne Zustimmung des Verlages
unzulässig und strafbar. Das gilt insbesondere für
Vervielfältigungen, Übersetzungen, Mikroverfilmungen und die
Einspeicherung und Verarbeitung in elektronischen Systemen.

www.peterlang.de

Vorwort

Nach dem Zweiten Weltkrieg hat die Sowjetunion in der DDR in rigoroser Weise Uranerz abgebaut. In der Region um Johanngeorgenstadt im Erzgebirge an der tschechischen Grenze wurden dadurch in kurzer Zeit über 100 000 Arbeitsplätze konzentriert. Im gleichen Gebiet leben heute nur noch etwa 20 000 Menschen. Der Eingriff, der bis 1959 dauerte, hat die Region völlig verändert und gravierende städtebauliche und Umweltschäden hinterlassen.

Nach der politischen Wende 1989/90 kam es zu einer zweiten Katastrophe, als die wirtschaftlichen Grundlagen der Region zusammenbrachen. Nennenswerte Neuansiedlungen von Unternehmen hat es in der schwer erreichbaren Mittelgebirgsregion nicht gegeben und viele Menschen haben der Heimat in Ermangelung von Perspektiven bereits den Rücken gekehrt. Was ist zu tun, wenn sich die Probleme derart ballen?

Die Region um Johanngeorgenstadt ist nicht die einzige in Deutschland, die sich bei der Lösung ihrer Probleme überfordert sieht. Sie steht für eine Reihe alter Industrieregionen in Deutschland und Europa, in denen nicht selten die Montanindustrie der Auslöser für krisenhafte Entwicklungen war. Aber auch Chemieregionen, Hafen- und Werftstandorte sowie Konversionsgebiete sind vielfach durch die Überlagerung von Umweltschäden mit strukturellen Schwächen geprägt und drohen zu Verlierern im Wettbewerb der Regionen zu werden.

Trotz der Bemühungen von Bund und Ländern, Problemregionen durch Maßnahmen der Strukturpolitik zu unterstützen, sind die Ergebnisse bisher ambivalent zu bewerten. Immerhin konnten durch umfassende staatliche Förderung einige positive Beispiele für die Sanierung ehemaliger Industrie- und Bergbaugebiete geschaffen und erste Entwicklungsprojekte initiiert werden. Zu denken ist hierbei u. a. an die Braunkohlensanierung im Mitteldeutschen und im Lausitzer Revier und an die Wismutsanierung in Ostthüringen und Schlema/Sachsen. Wo diese Instrumente aber nicht greifen, verläuft der Erneuerungsprozess schleppend oder ist sogar zum Stillstand gekommen.

Vor diesem Hintergrund hat die Ministerkonferenz für Raumordnung der Bundesrepublik Deutschland 1996 ein Diskussionspapier entwickelt, in dem die Ausweisung von so genannten „Sanierungs- und Entwicklungsgebieten" in Raumordnungsplänen vorgeschlagen wird. Durch die Bildung von Aktionsräumen will man Umweltschäden in Abstimmung der Gemeinden und Fachressorts sanieren und damit Grundlagen für eine nachhaltige Entwicklung in den betroffenen Räumen geschaffen.

Um dies zu erreichen, sind einerseits in den Regionen geeignete Kooperationsstrukturen zu schaffen. Andererseits soll durch die staatliche Raumplanung eine Koordinierung der Fachplanungen erfolgen und die Einbeziehung zusätzlicher

Institutionen gesichert werden. Mit fachlicher und organisatorischer Unterstützung des Bundesamtes für Bauwesen und Raumordnung (BBR) wurden im Okertal/Harz, im Oldenburger Münsterland um Vechta/Cloppenburg und im Sächsischen Erzgebirge um Johanngeorgenstadt drei Modellvorhaben durchgeführt.

Das Modellvorhaben der Raumordnung „Sanierungs- und Entwicklungsgebiet Uranbergbau" begann 1997 und wurde im Jahr 2001 abgeschlossen. Gefördert wurde es durch das Bundesministerium für Verkehr, Bau- und Wohnungswesen sowie das Sächsische Staatsministerium des Innern. Die wissenschaftliche Begleitung und die Moderation lagen in den Händen des Instituts für ökologische Raumentwicklung e. V., Dresden.

Ein besonderer Dank für die konstruktive Zusammenarbeit im Projekt gilt den Bürgermeistern der beteiligten Gemeinden, insbesondere Herrn Wolfgang Kraus (Johanngeorgenstadt) und Herrn Ralf Fischer (Breitenbrunn), die während der Laufzeit des Projekts den interkommunalen Lenkungsausschuss leiteten. Für die stets kritische Reflexion der Zwischenergebnisse und die Übernahme von Koordinierungsaufgaben nach Projektende sei Herrn Sebastian Kropop und seinen Mitarbeitern von der Regionalen Planungsstelle Plauen recht herzlich gedankt. Ebenso vielen Dank an die Mitarbeiter staatlicher Institutionen und der kommunalen Körperschaften, die wissenschaftlichen Partner und die beteiligten Sanierungsunternehmen. Schließlich gilt das Dankeschön den Bürgern der Region, die sich über Vereine und den im Rahmen des Projekts durchgeführten Ideenwettbewerb eingebracht haben.

Nachdem die Ergebnisse in der Untersuchungsregion mit den beteiligten Behörden und in Expertenkreisen bereits ausgewertet worden sind, werden sie nun einem breiteren Fachpublikum präsentiert. Dies ist nicht zuletzt deshalb sinnvoll, weil die Schlussfolgerungen der Arbeiten über die Schaffung einer Perspektive für die Modellregion hinausreichen. So hat sich das gewählte Kooperationsmodell ebenso bewährt wie die befristete Einrichtung eines speziellen Raumordnungsfonds. Insofern handelt es sich nicht nur um eine Regionalstudie mit spezieller inhaltlicher Ausrichtung, sondern auch um einen Beitrag zu einer handlungs-, akteurs- und umsetzungsorientierten Raumordnung.

Bernhard Müller, Jörg Rathmann, Peter Wirth

Zum Zusammenhang von Buch und CD

Diese Publikation umfasst das Buch „Sanierung und Entwicklung umweltbelasteter Räume" und eine angefügte CD-ROM „Empirische Untersuchungen im Sanierungs- und Entwicklungsgebiet Uranbergbau". Das Buch enthält die Gesamtdarstellung des durchgeführten Modellvorhabens, die CD die detaillierte Darlegung der Untersuchungen im Aktionsraum um Johanngeorgenstadt mit zahlreichen Farbkarten und ausführlichen Analyseergebnissen.

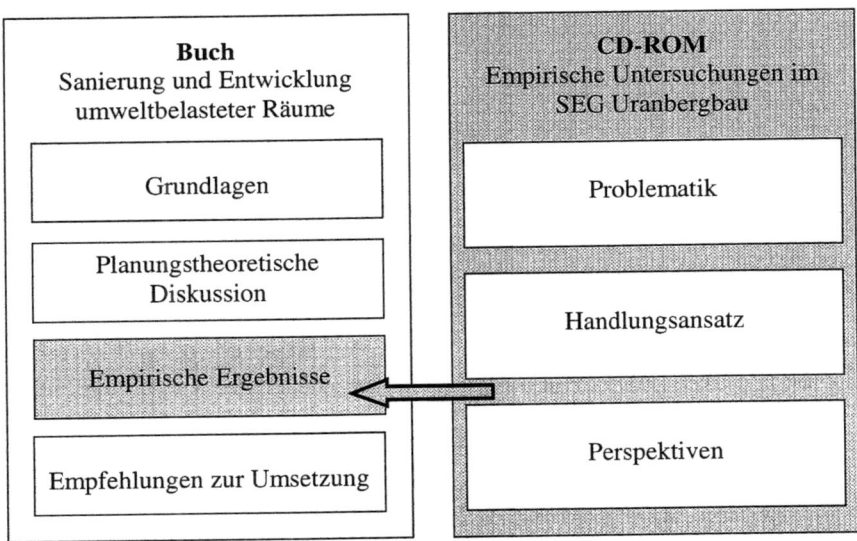

Diese Form der Darstellung wurde gewählt, da die Aufnahme des empirischen Teils ins Skript den Rahmen gesprengt hätte, ein Weglassen wiederum als Mangel erschienen wäre. Durch dieses Vorgehen wird die hier gewählte Form zwei Leserkreisen gerecht: Diejenigen Leser, die sich vorrangig für das neue raumordnerische Instrument, seine rechtliche Einbindung, seine planungstheoretische Widerspiegelung und die Empfehlungen für die Umsetzung interessieren, konzentrieren sich auf den Buchteil. Der Leserkreis, dem es eher um die Untersuchungsregion, den dort verwendeten Fallstudienansatz und die Einzelergebnisse geht, kann stattdessen rasch zur CD-ROM übergehen. Um dem Leser auch ohne Öffnen der CD die konkreten Fallstudienergebnisse im Erzgebirge verfügbar zu machen, enthält das Buch eine Zusammenfassung dieser (Kapitel 4).

Inhaltsverzeichnis

Zusammenfassung   13

1 Problemhintergrund und Forschungsansatz   19

  1.1   Der Uranerzbergbau der Sowjetisch-Deutschen Aktiengesellschaft Wismut in der DDR und seine Folgen   19

  1.2   Siedlungsentwicklung unter Schrumpfungsbedingungen   22

  1.3   Intention des neuen raumordnerischen Instruments „Sanierungs- und Entwicklungsgebiet"   26

  1.4   Forschungsziele und Untersuchungskonzept   28

2 Vorhandene Instrumente zur Problembewältigung und die Rolle der Raumordnung   35

  2.1   Regionalisierung als Chance zur besseren Bewältigung von Entwicklungsproblemen   35

  2.2   Rechtliche Grundlagen für Sanierung und Entwicklung in Deutschland   41

      2.2.1   Sanierung und Entwicklung auf Raumordnungsebene   41

      2.2.2   Sanierung und Entwicklung im besonderen Städtebaurecht   44

      2.2.3   Sanierung und Entwicklung im medialen Umweltrecht und im UGB-Entwurf   46

  2.3   Beitrag der Raumordnung zur Steuerung von Sanierungs- und Entwicklungsprozessen   48

3 Problembewältigung in umweltbelasteten Räumen mittels neuer raumordnerischer Instrumente – theoretische Diskussion des Ansatzes   55

  3.1   Sanierungs- und Entwicklungsgebiet als neues raumordnerisches Instrument   55

  3.2   Die Organisation regionaler Kooperation in Sanierungs- und Entwicklungsgebieten   63

  3.3   Koordinierung der Fachplanungen und der kommunalen Planungen durch die Raumordnung   68

      3.3.1   Raumordnung und kommunale Bauleitplanung   68

    3.3.2 Raumordnung und Fachplanung   71
3.4 Finanzierung von Sanierungs- und Entwicklungsaufgaben   73

4 Empirische Ergebnisse im Sanierungs- und Entwicklungsgebiet Uranbergbau   83

4.1 Problemlage   83

    4.1.1 Überlagerung von Problemen umweltbelasteter und strukturschwacher Räume   84

    4.1.2 Zur radiologischen Situation   88

    4.1.3 Vergleichende Betrachtung der Uranbergbausanierung im Aktionsraum und in anderen Räumen   92

    4.1.4 Unzureichende rechtliche Lösungen   95

4.2 Zusammenarbeit im Aktionsraum   97

    4.2.1 Strukturen der Zusammenarbeit   97

    4.2.2 Öffentlichkeitsarbeit und Bürgerwettbewerb   99

    4.2.3 Externe Kooperation   100

4.3 Inhaltliche Schwerpunkte   102

    4.3.1 Auseinandersetzung mit Umweltproblemen durch kooperatives Handeln?   102

    4.3.2 Stellung der Akteure zum neuen Instrument   104

    4.3.3 Zur internen Bewertung von Projekten und Strategien   105

    4.3.4 Stand der Kooperation und Rolle der Landes- und Regionalplanung   108

4.4 Perspektiven der Fallstudienregion   110

    4.4.1 Inhaltliche Perspektiven   110

    4.4.2 Perspektiven der Finanzierung   112

    4.4.3 Perspektiven für die Fortsetzung der Zusammenarbeit   114

5 Empfehlungen zur Ausgestaltung des neuen raumordnerischen Instruments   117

5.1 Zur Funktion des Instruments Sanierungs- und Entwicklungsgebiete   119

5.2 Zur Definition von Sanierungs- und Entwicklungsgebieten   120

5.3 Zur Ausweisung von Sanierungs- und Entwicklungsgebieten in Raumordnungsplänen   124

5.4	Zur Umsetzung des SEG-Konzepts in Aktionsräumen	130
5.5	Zur Rolle der Landes- und Regionalplanung in Sanierungs- und Entwicklungsgebieten	134
5.6	Zur Finanzierung von Sanierungs- und Entwicklungsaufgaben	143

Literaturverzeichnis	151
Rechtsquellen	160
Abbildungsverzeichnis	161
Tabellenverzeichnis	163

Zusammenfassung

Umweltschäden bilden für Gemeinden und Regionen ein Entwicklungshindernis, wenn sie großflächig auftreten und wenn sich unterschiedliche Schadensbilder, z. B. bergbaubedingte Tagesbrüche, Bodenkontaminationen und Waldschäden überlagern. In den Industriestaaten werden Missstände dieser Art zunehmend wahrgenommen, wobei bestimmte Gebietstypen wie altindustrialisierte Räume, Bergbau- und Konversionsgebiete im Focus der Aufmerksamkeit stehen. Häufig – so auch im ehemaligen Uranbergbaugebiet um Johanngeorgenstadt im sächsischen Erzgebirge – treten zu den Umweltschäden allgemeine Probleme strukturschwacher Räume (schwache wirtschaftliche Wertschöpfung, schlechte Erreichbarkeit). Durch die Selbstverstärkung negativer Prozesse wird die Abwanderung der Bevölkerung ausgelöst und die Siedlungen beginnen zu schrumpfen. Einzelfallbezogene und rein technische Lösungsansätze, wie sie durch die regionale Strukturpolitik in der Vergangenheit praktiziert worden sind, geraten in derartigen Problemräumen rasch an ihre Grenzen. Gefragt sind stattdessen komplexe Lösungen, die gezielt Einzelprojekte mit der Entwicklung neuer Perspektiven für die betroffenen Gemeinden verbinden.

Im **Modellvorhaben der Raumordnung** „Sanierungs- und Entwicklungsgebiet Uranbergbau" wurde im Zeitraum von 1997 bis 2001 in der Region um Johanngeorgenstadt versucht, durch einen von der Raumordnung koordinierten kooperativen Ansatz Lösungen zu finden. Die Grundlage dafür bildete ein Diskussionspapier, das die Arbeitsgruppe „Raumordnerische Instrumente des Freiraumschutzes" der Ministerkonferenz für Raumordnung (MKRO) der Bundesrepublik 1996 vorgelegt hat. Darin wird die Intention verfolgt, dass „Sanierungs- und Entwicklungsgebiete" Räume sind, in denen erhebliche, dauerhafte Umweltbelastungen nachweisbar oder zu befürchten sind. Konzeptionell handelt es sich um Aktionsräume auf Zeit mit dem Ziel, bestehende Umweltbelastungen zu beseitigen, die Funktionsfähigkeit des Naturhaushaltes und der natürlichen Lebensgrundlagen wiederherzustellen und möglichst rasch und wirksam Ausgangsbedingungen für eine nachhaltige räumliche Entwicklung zu schaffen.

Das Forschungsvorhaben „Sanierungs- und Entwicklungsgebiet Uranbergbau" verfolgte eine **doppelte Zielstellung**: *Erstens* waren die Entwicklungschancen des konkreten Aktionsraumes mithilfe eines integrativen Sanierungs- und Entwicklungskonzeptes grundlegend zu verbessern und damit eine Basis für die Durchführung abgestimmter Sanierungs- und Entwicklungsmaßnahmen der Akteure zu schaffen. *Zweite Zielsetzung* des Vorhabens war die wissenschaftliche Bewertung des neuen raumplanerischen Instruments „Sanierungs- und Entwicklungsgebiet" vor dem Hintergrund des beträchtlichen Bedarfs an der Sanierung umweltbelasteter Räume. Dazu war es erforderlich, das sächsische Instrument zur Ausweisung von Gebieten mit besonderen Entwicklungs-, Sanierungs- und Förderungsaufgaben ebenso wie Regionale Entwicklungskonzepte im sächsischen Planungsverständnis im Hinblick auf ihre Funktionsfähigkeit zu testen und vor dem Hintergrund der bundesweiten Diskussion um neue Planungsinstrumente Vorschläge zu unterbreiten.

Zunächst werden Sanierungs- und Entwicklungsgebiete in einer **theoretischen Betrachtung** ins Instrumentarium der deutschen Raumordnung eingeordnet. Der Innovationswert von Sanierungs- und Entwicklungsgebieten besteht vor allem darin, dass Ordnungs- und Entwicklungsfunktionen in *einem* Instrument zusammengeführt werden: Durch die Ausweisung in Raumordnungsplänen ähneln SEG klassischen Instrumenten der Raumordnung wie Vorranggebieten. Durch die Bildung von Aktionsräumen, die kooperative Erarbeitung von Handlungskonzepten und die Umsetzung konkreter Maßnahmen entsprechen sie aber entwicklungsorientierten Instrumenten. Von den bekannten Regionalen Entwicklungskonzepten unterscheiden sie sich u. a. dadurch, dass die in SEG kooperierenden Partner auf die Unterstützung externer Promotoren, zum Beispiel die Landes- und Regionalplanung angewiesen sind. Die starke Ausprägung dieser vertikalen Kooperationsachse und die befristete organisatorische und finanzielle Unterstützung von außen sind spezifische Merkmale des neuen Instruments.

Als interner **Organisationsansatz** wurde in der Fallstudienregion das Regionalmanagement gewählt. Die Struktur aus Lenkungsausschuss und Facharbeitsgruppen erwies sich als so flexibel, dass die in komplizierten Problemlagen und bei heterogener Akteursstruktur zu erwartenden Konflikte ausgetragen werden konnten, ohne dass Akteure aus dem Prozess ausscheiden mussten. Die Trennung in Machtpromotoren (Entscheider) und Fachpromotoren (Entscheidungsvorbereiter) kam der in der schwierigen kommunalpolitischen Situation zu erwartenden Sensibilität entgegen, insbesondere wenn Maßnahmenschwerpunkte ausgehandelt werden mussten.

Bei der Koordinierung von Sanierung und Entwicklungsaufgaben ist die Raumordnung auf die **Zusammenarbeit mit den Fachplanungen** angewiesen. Da die Einflussmöglichkeiten der Raumordnung auf die Fachplanungen de facto gering sind und viele Fachplanungen über ihre Planungskompetenz hinaus auch noch über spezifische Möglichkeiten zur Umsetzung ihrer Ziele durch finanzielle Mittel aus Fachetats verfügen, ist die Raumordnung bei der Initiierung von Sanierungs- und Entwicklungsinitiativen hauptsächlich auf die Überzeugung der Fachplanungen angewiesen, am Prozess mitzuwirken und Fachförderprogramme für die Problemgebiete verfügbar zu machen. Deshalb kommt es für die Raumordnung in Sanierungs- und Entwicklungsgebieten darauf an, Aufmerksamkeit zu erzeugen, um maßgebliche politische Akteure von der Notwendigkeit der Koordination bzw. der integrativen und prioritären „Bearbeitung" eines spezifischen Problemraums überzeugen zu können. Die Ausweisung als „Sanierungs- und Entwicklungsgebiet" im Sinne eines „Aktionsraums auf Zeit" könnte dann quasi als planerischer Ausdruck dieses übergeordneten politischen Gestaltungswillens verstanden werden, dessen zeitlich befristete und auf einen spezifischen Problemraum konzentrierte Realisierung die Raumordnung übernehmen kann.

Ein weiteres zentrales Thema ist die **Finanzierung von Sanierungs- und Entwicklungsaufgaben**. Diesbezüglich wurde eine Reihe von Ansätzen untersucht, die von der MKRO vorgegeben waren:

- Mit der Einrichtung eines „eigenständigen Fonds der Raumplanung für Konzeptentwicklung, Anfinanzierung und Spitzenfinanzierung" (sog. „Raumordnungsfonds"; in Sachsen Förderrichtlinie „Regio") können formal der Landes- und Regionalplanung zuzuordnende Akteure autonom über den Einsatz eines gegebenen Budgetvolumens für raumordnerisch relevante Vorhaben entscheiden. Diese Finanzierungsmöglichkeit hat sich im SEG Uranbergbau bewährt. Sie wurde hauptsächlich für Abrissvorhaben und kleine investitionsvorbereitende Maßnahmen (Bodensanierung) eingesetzt.

- Durch die „Bündelung, Abstimmung und den räumlich gezielten Einsatz bestehender fachlicher und überfachlicher Förderprogramme" soll die Nutzbarkeit der vorhandenen öffentlichen Programme durch kommunale und übergemeindliche Akteure verbessert werden. Diese Option ist grundsätzlich sinnvoll und hat sich in der Beispielsregion im Einzelfall auch bewährt. Allerdings ist die Aquise der Fördermittel aufwändig und die generellen Schwierigkeiten bei der Koordinierung von Fachressorts durch die Raumordnung treten zu Tage.

- Bei der „Modifizierung bestehender und Entwicklung neuer Förderprogramme" wird die Programmstruktur des staatlichen Fördersystems zielorientiert geändert. Diese Vorgehensweise scheint in Bezug auf die Probleme von SEG nur dann sinnvoll, wenn die betreffenden Förderprogramme den Bedarf der Zielgebiete (z. B. Altlastensanierung) direkt treffen. Im Untersuchungsraum wurden in einem Fall Fördermittel für mehrere Jahre in einem jährlichen Budget für die Stadt Johanngeorgenstadt „reserviert".

Über diese vorgegebenen Ansätze hinaus wird im Rahmen des Vorhabens eine weitere Finanzierungsform, der sogenannte „Regionalfonds" ins Gespräch gebracht. Ziel eines Regionalfonds ist die Förderung von regional bedeutsamen Projekten mittels der Vergabe zinsverbilligter Kredite vor allem an private, regional orientierte Unternehmen. Die Bildung des Regionalfonds kann zum Teil aus öffentliche Mitteln erfolgen. Vor allem aber sollen Privathaushalte und Unternehmen dazu ermutigt werden, gezielt zur Förderung ihrer Region beizutragen. Dieser Ansatz soll im Untersuchungsraum weiter geprüft werden.

Die **empirischen Untersuchungen** im Untersuchungsraum haben gezeigt, wie schwierig ein Sanierungs- und Entwicklungsprozess in Gang zu setzen ist, der sich primär auf die eigenen Kräfte des Aktionsraums stützt. Ungeachtet der Schwierigkeiten, die vor der Erwartung auf schnelle Verbesserungen warnen, haben sich die Gemeinden im Aktionsraum entschlossen, den eingeschlagenen Weg weiter zu gehen.

Bei der gemeinsamen Umsetzung ihrer Ziele wollen sich die Gemeinden im Sanierungs- und Entwicklungsgebiet auf drei **Entwicklungskorridore** orientieren, in denen die gebietseigenen Potenziale der Region widergespiegelt sind und deren Aufgreifen als besonders erfolgversprechend erscheint:

a) Gewerbeentwicklung durch überregionale und grenzüberschreitende Zusammenarbeit,

b) Kompetenzregion Gesundheit/Rehabilitation,

c) Wohnumfeldverbesserung und Rückbau.

Diese Entwicklungskorridore sind durch ein Maßnahmeprogramm untersetzt. Zentrales Projekt ist eine Regionalagentur, die als Multiplikator bei der Entwicklung und Umsetzung weiterer Projekte tätig werden soll.

Der erreichte Stand der regionalen Zusammenarbeit im Sanierungs- und Entwicklungsgebiet Uranbergbau bietet eine gute Ausgangsposition für die **Fortführung der Kooperation**. Die Gemeinden haben sich entschlossen, gemeinsam Strategien zu entwickeln, um die negativen Folgen der Wismut-Epoche zu überwinden und gemeinsam Maßnahmen umzusetzen, die die Lebensqualität erhöhen und mittelfristig die sozialen und wirtschaftlichen Ansprüche an den Raum mit seinen ökologischen Funktionen in Einklang bringen.

Insgesamt stehen im Ergebnis des Modellvorhabens den – von den beteiligten Gemeinden beeinflussbaren – Fortschritten beim Aufbau und bei der Weiterentwicklung der regionalen Kooperation Defizite gegenüber, die von den Gemeinden im Aktionsraum nicht oder nur schwer beeinflusst werden können. Der Erfolg des Modellvorhabens besteht also nicht darin, dass die Probleme des Aktionsraumes etwa bereits durch die Kooperation gelöst worden wären, sondern dass die realen Perspektiven aufgezeigt und Strukturen zu ihrer Umsetzung geschaffen worden sind.

Aus den theoretischen und empirischen Untersuchungen ergeben sich eine Reihe von **Empfehlungen** und daraus resultierenden Anforderungen:

- Da der Innovationswert von SEG in der Kombination von Ordnungs- und Entwicklungsfunktionen besteht, ist die Ausweisung in Raumordnungsplänen nur dann sinnvoll, wenn auch die Bildung von Aktionsräumen geplant ist. Ist dies nicht der Fall, kann an bereits verfügbaren Instrumenten (z. B. Regionales Entwicklungskonzept) festgehalten werden.

- Für die Ausweisung als SEG eignen sich die Problemtypen
  - wachstumsschwache und peripher gelegene ehemalige Montanreviere,
  - wachstumsschwache und peripher gelegene Konversionsgebiete sowie
  - alte Industrieregionen mit fehlendem Innovationspotenzial.

  Darüber hinaus sind weitere Problemkonstellationen denkbar.

- Die im ROG vorgesehene Beschränkung von SEG auf den Freiraum entspricht – zumindest im Falle des SEG Uranbergbau – nicht den Interessen der

Gemeinden, da sich der Entwicklungsbedarf vor allem im Siedlungsraum konzentriert. Insofern sollten die Länder bei der Einführung des Instruments genau prüfen, ob eine Beschränkung des Instruments auf den Freiraum erfolgt.

- Damit SEG mit der Ausweisung in Raumordnungsplänen eine ausreichende Wirkung erzielen, sollten sie als Ziele der Raumordnung gemäß § 3 ROG verankert werden. Nur in diesem Verständnis erscheint es möglich, die ohnehin geringen Einflussmöglichkeiten der Raumordnung zu nutzen, um Sanierungs- und Entwicklungsziele umsetzen zu können.

- Hinsichtlich der Größe von SEG wird empfohlen, kleine und überschaubare Gebiete auszuweisen. In Anbetracht der sächsischen Erfahrungen, wo im Landesentwicklungsplan 1994 etwa die Hälfte der Landesfläche ausgewiesen wurde, kann aber auch eine Doppelstrategie gewählt werden: Im Raumordnungsplan werden Problemräume zunächst relativ großflächig ausgewiesen, die Aktionsräume werden aber viel kleiner gehalten und auf Einzelprobleme zugeschnitten (einzelfallbezogene Vorgehensweise).

- Als Aktionsräume werden im Zusammenhang mit SEG interkommunale Kooperationsräume verstanden, die die besondere Aufmerksamkeit der Landes- und Regionalplanung genießen. Im SEG Uranbergbau um Johanngeorgenstadt hat sich diese Variante der Umsetzung von Sanierungs- und Entwicklungszielen bewährt. Die damit verbundene flexible und einzelfallbezogene sowie durch die organisatorische und finanzielle Unterstützung des Staates geförderte Vorgehensweise weist in Anbetracht der prekären Situation der Problemgebiete Vorzüge gegenüber anderen Umsetzungsinstrumenten auf (z. B. Regionale Entwicklungskonzepte, Raumordnerische Verträge).

- In SEG bietet es sich in Anbetracht der schwierigen und problembeladenen Situation an, den Entwicklungsprozess zumindest in der Startphase durch einen externen Moderator zu unterstützen, zumal eine konfliktfreie Problemlösung kaum möglich erscheint und die Konsensfindung häufig in einem sensiblen kommunalen Umfeld stattfindet.

- Sanierungs- und Entwicklungsgebiete in der hier beschriebenen Intention verlangen einen aktiven Staat, der versucht, Initiativen der Gemeinden, die aus der Problemlage herausführen, angemessen zu unterstützen. Eine derartige Unterstützung kann von der Information der angesprochenen Fachressorts über organisatorische Maßnahmen bis zur – im SEG Uranbergbau erfolgten – finanziellen Förderung erster Maßnahmen aus einem Raumordnungsfonds reichen.

- Landes- und Regionalplanung werden mit einem derartigen Instrument vor neue Herausforderungen gestellt. Da die Verknüpfung von Ordnungs- und Entwicklungsfunktionen in einem Instrument neu ist, fehlen Orientierungspunkte, was zu einer Verunsicherung der Planungsinstitutionen führen kann.

Im Beispiel des SEG Uranbergbau erfolgte eine periodische Einbeziehung eines Mitarbeiters der Obersten Landesplanungsbehörde in den Lenkungsausschuss. Die Regionale Planungsstelle hat sich während des gesamten Projektzeitraums intensiv um die Mitarbeit in den Gremien bemüht und nach Projektende vorübergehend die Moderation bis zur Gründung der Regionalagentur übernommen.

- Der begrenzte Einfluss der Raumordnung auf die Fachplanungen kann durch die Einbeziehung hochrangiger Promotoren, z. B. der Bundes- und Landtagsabgeordneten der Region, teilweise kompensiert werden. Dieses Mittel erscheint aber nur in besonderen Problemsituationen probat und macht auch die Sonderstellung des Instruments SEG deutlich.

In Anbetracht der positiven Erfahrungen im Sanierungs- und Entwicklungsgebiet Uranbergbau wird jenen Bundesländern, in denen es Gebiete mit gravierenden Umweltschäden gibt, empfohlen, Sanierungs- und Entwicklungsgebiete in die landes- und regionalplanerische Praxis zu übernehmen. Dabei steht der Gedanke im Mittelpunkt, dass zunächst die Ausweisung von Problemgebieten in Raumordnungsplänen erfolgt und daraufhin Aktionsräume gebildet werden, in denen Sanierungs- und Entwicklungsziele formuliert und umgesetzt werden.

1 Problemhintergrund und Forschungsansatz

Der hier vorgestellte Entwicklungsansatz knüpft an zwei Problemkreise an: Zum einen – dabei handelt es sich um den Ausgangspunkt der Überlegungen und den Auslöser des Modellvorhabens – geht es um die Konzentration gravierender Umweltschäden in einem relativ kleinen Gebiet und deren Sanierung. Im Abschnitt 1.1 wird die Entstehung der Probleme durch den Uranbergbau der Sowjetisch-Deutschen Aktiengesellschaft Wismut in der DDR beschrieben und die Besonderheit der Sanierungssituation herausgestellt. Zum anderen – dieser Aspekt ist erst im Verlaufe der Untersuchungen deutlich geworden, hat aber im Ergebnis als genauso bedeutsam bewertet – geht es um die Entleerung und Schrumpfung von Siedlungen in peripheren Räumen. Im Abschnitt 1.2 wird gezeigt, dass dieses Phänomen keinesfalls neu ist, seit Ende der 90er Jahre aber in einer neuen Dimension auftritt und von Politik, Verwaltung, Planung und Wissenschaft stärker wahrgenommen wird.

Im Abschnitt 1.3 schließt sich die Erläuterung der Intention des neuen raumordnerischen Instruments „Sanierungs- und Entwicklungsgebiet" an. Den Mittelpunkt bildet dabei der Diskussionsentwurf der ad-hoc-Arbeitsgruppe „Raumordnerische Instrumente des Freiraumschutzes" der Ministerkonferenz für Raumordnung (MKRO). Danach erfolgt die Beschreibung der Forschungsziele, des methodischen Ansatzes sowie der einzelnen Arbeitsschritte, und es werden die wissenschaftlichen Partner vorgestellt, mit denen das Institut für ökologische Raumentwicklung im Projekt zusammengearbeitet hat (1.4).

1.1 Der Uranerzbergbau der Sowjetisch-Deutschen Aktiengesellschaft Wismut in der DDR und seine Folgen

Nach den amerikanischen Atombombenabwürfen auf Hiroshima und Nagasaki war das atomare Wettrüsten der Supermächte am Ende des zweiten Weltkrieges in vollem Gange. Die Sowjetunion bemühte sich fieberhaft darum, das Atombombenmonopol der USA zu brechen. Teil dieser Bemühungen war die Schaffung einer ausreichenden Rohstoffbasis für die eigene Atomindustrie.

Aus Literaturquellen und von deutschen Geologen wusste die sowjetische Militäradministration, dass sich in der sowjetischen Besatzungszone in Deutschland Uranerzlagerstätten befanden, die teilweise bereits durch Bergwerke erschlossen waren. Unmittelbar nach dem Krieg begann deshalb die Sichtung deutscher Bergwerksarchive. Die ersten Anstrengungen konzentrierten sich auf die westsächsischen Reviere um Johanngeorgenstadt und Schneeberg. Die Gewinnung von Uranerz begann 1946 in den Gruben der Sachsenerz-Bergwerks-AG in Johanngeorgenstadt. Im Rahmen der deutschen Reparationsleistungen an die Siegermächte wurde dieses Unternehmen 1947 in sowjetisches Eigentum überführt und die Staatliche Aktiengesellschaft (SAG) Wismut gegründet. Obwohl als Unternehmenszweck die Förderung von Buntmetallen angegeben worden war, galt das Augenmerk praktisch ausschließlich der Förderung von Uranerz. Im Zusammenhang damit wurden alle Anstrengungen unternommen, um die Vorräte an Uranerz im Erzgebirge und im Vogtland zu bewerten. Später erfolgte die Ausdehnung der Erkundungsarbeiten auf alle uranhöffigen Gebiete in der DDR. Überall, wo die Suche erfolgreich war, wurden umgehend Bergwerke angelegt und militärische Sonderzonen gebildet. Bereits 1948 betrug die Beschäftigtenzahl der SAG Wismut über 100 000.

1954 wurde die SAG in die Sowjetisch-Deutsche Aktiengesellschaft (SDAG) Wismut umgewandelt. Die DDR übernahm 50 % des Gesellschafter-Anteils. Damit verbunden war eine Verbesserung der Arbeits- und Lebensbedingungen der Bergleute und der Bevölkerung in den Abbaugebieten. Die Situation normalisierte sich. Im Gefolge der internationalen politischen Veränderungen und der zunehmenden politischen Eigenständigkeit der DDR wurde die Tätigkeit der SDAG Wismut 1962 durch ein Regierungsabkommen zwischen der DDR und der UdSSR neu geregelt. Der Sowjetunion wurden die Bergbaurechte bis zum Jahr 2000 eingeräumt. Während sich die Standorte des Wismut-Bergbaus in den folgenden Jahren veränderten (Ostthüringen, Ostsachsen), blieb der Status der SDAG Wismut bis zum Ende der DDR erhalten.

Abb. 1: Uranbergbau in Johanngeorgenstadt Anfang der 1950er Jahre: Bergarbeiterhäuser, Abraumhalden und sowjetische Kaserne (Foto: Stadtverwaltung Johanngeorgenstadt)

Mit der deutschen Vereinigung 1990 übernahm die Bundesrepublik Deutschland zunächst den Gesellschaftsanteil der DDR. Die Uranerzgewinnung wurde per 31.12.1990 eingestellt. Insgesamt waren durch die SAG/SDAG Wismut zu diesem Zeitpunkt ca. 230 000 Tonnen Uran gefördert worden. Die Beendigung der Tätigkeit der SDAG Wismut wurde in einem Regierungsabkommen BRD/UdSSR geregelt und 1991 durch den Bundestag bestätigt (Wismut-Gesetz). Die Bundesrepublik übernahm den sowjetischen Gesellschaftsanteil und sämtliche daraus resultierenden Verpflichtungen. Aus der SDAG Wismut wurde als Sanierungsunternehmen die Wismut GmbH mit der Bundesrepublik als Alleingesellschafter gegründet.

Die potenziellen Gefahren für die menschliche Gesundheit machen die Sanierung der Hinterlassenschaften des Uranbergbaus zu einer dringlichen Aufgabe. Die auf Altlasten des Uranbergbaus betroffene Fläche wurde 1992 in den neuen Bundesländern auf 120 000 bis 140 000 ha geschätzt (SSK 1995, 5). Die Gebiete mit bergbaulich bedingter erhöhter Strahlungsdisposition werden in 28 Einzelarealen (Verdachtsflächen) zusammengefasst. Von diesen liegen 27 in Sachsen und Thüringen und davon wiederum 18 im Erzgebirge und im Vogtland. Insgesamt sind die Verdachtsflächen hinsichtlich Entstehung, Sanierungsaufwand und Sanierungszuständigkeit unterschiedlich zu bewerten (Abb. 2).

Der größte Teil der Altlasten des Uranbergbaus ist durch die Tätigkeit der Sowjetisch-Deutschen Aktiengesellschaft Wismut von 1946 bis 1990 entstanden (so genannter Wismut-Bergbau). Bereits vorher hatte es einen „Altbergbau" auf Uran für andere Zwecke gegeben, hauptsächlich zur Farbenherstellung (in Johanngeorgenstadt seit 1819). Außerdem wurde Uran auch als Begleitelement beim Abbau anderer Rohstoffe gefördert und auf Halden verbracht (vgl. Abb. 2).

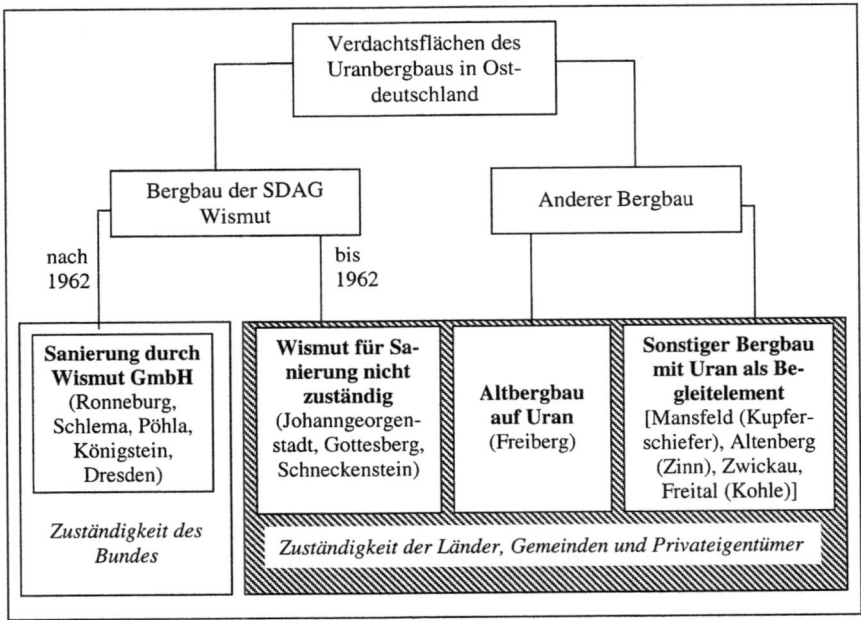

Abb. 2: Entstehung der bergbaubedingten radioaktiven Altlasten in Ostdeutschland und Zuständigkeiten für die Sanierung (IÖR/Dienemann 2000)

Der Sanierungsaufwand ist in den Wismut-Bergbaugebieten besonders hoch, weil dort über einen Zeitraum von über 40 Jahren in hoher Intensität Uranerz gefördert und aufbereitet worden ist. Die Standorte konzentrieren sich auf das südliche Sachsen und Ostthüringen. Förder- und Aufbereitungsanlagen, Halden, Industrielle Absetzanlagen, Verladestationen und unterirdische Grubenbaue konzentrieren sich dort auf kleinem Raum und haben ein heterogenes Schadensbild hinterlassen: Bergschäden, radioaktive und Schwermetallkontaminationen des Bodens und der Gewässer, städtebauliche Schäden, wirtschaftliche Monostrukturen, Negativimage. Die Sanierung ist dort Voraussetzung für eine nachhaltige Entwicklung der betroffenen Städte und Regionen. In den Gebieten des Uran-Altbergbaus und der Förderung als Begleitelement sind ebenfalls Sanierungsmaßnahmen erforderlich, die sich aber auf Einzelstandorte beziehen.

Durch das Wismut-Gesetz klar geregelt ist die Sanierung in den Fördergebieten, die sich nach 1962 im Besitz der SDAG Wismut befanden. Als bundeseigenes Unternehmen ist die Wismut GmbH für die Stilllegung und den Rückbau der Betriebsanlagen sowie die Sanierung und Wiederurbarmachung der Betriebsflächen der SDAG Wismut zuständig. Ziel der Sanierung ist die Beseitigung von Gefahren für die Umgebung und die Vorbereitung einer sinnvollen Folgenutzung. Für den Gesamtzeitraum der Sanierungstätigkeit (1991-2015) stellt die Bundesregierung der Wismut GmbH Mittel in Höhe von ca. 13 Mrd. DM zur Verfügung (BMWi 2000). In ihrem Besitz befinden sich Flächen im Umfang von ca. 3 700 ha. Die Halden nehmen darunter eine Fläche von ca. 1 500 ha ein. Die industriellen Absetzanlagen umfassen ca. 730 ha.

Relativ großflächig sind auch die Hinterlassenschaften aus der Frühzeit der Wismut (bis 1962), die sich heute anteilig im Besitz der Treuhandnachfolgeanstalten, der Länder, Kommunen und von Privatpersonen befinden und für die die Wismut GmbH nicht die Sanierungsverantwortung trägt. Formal zuständig sind in diesen Fällen die Eigentümer, die in der Regel mit den Kosten der Sanierung überfordert sind. Das größte zusammenhängende Gebiet des Wismut-Altbergbaus ist die Region um Johanngeorgenstadt im Zentralen Erzgebirge (Sachsen), in dem der Wismut-Bergbau 1946 begonnen hatte, 1959 aber schon beendet war. Das hier vorgestellte Modellvorhaben der Raumordnung „Sanierungs- und Entwicklungsgebiet Uranbergbau" wurde in dieser Region durchgeführt.

1.2 Siedlungsentwicklung unter Schrumpfungsbedingungen

War zu Beginn des Forschungsvorhabens (1997) noch davon ausgegangen worden, dass sich der Bevölkerungsrückgang und der wirtschaftliche Niedergang im Untersuchungsgebiet rasch stoppen lassen, so zeigte sich bereits nach einem Projektjahr, dass diese Vorstellung illusorisch war. Vielmehr wurde klar, dass im Untersuchungsraum ein Schrumpfungsprozess abläuft, der denen in anderen ostdeutschen Problemregionen ähnlich ist und erst mittel- bis langfristig zu stoppen sein wird. Im Jahr 2000 war die Bevölkerungszahl gegenüber 1990 um 15 % zurückgegangen. Durch das Zusammentreffen des Niedergangs einer alten Industrieregion mit gehäuft anzutreffenden Umweltschäden verstärken sich negative Prozesse und wirken sich nachteilig für die Regionalentwicklung aus.

Insofern verwundert es nicht, dass gerade in Ostdeutschland nach der Wende Problemräume entstanden sind, in denen die beschriebenen Merkmale überlappend auftreten. Dadurch wird die Polarisierung von Raumstrukturen verstärkt: Während im Umland einiger großer Städte mit wirtschaftlichen Umstrukturierungserfolgen Suburbanisierungszonen entstanden sind, zeichnen sich in deren dicht bewohnten Stadtteilen, aber auch in peripheren und altindustrialisierten Räumen Schrumpfungsprozesse bereits deutlich ab. Diese können nicht getrennt von der Sanierung und Entwicklung von Raumfunktionen betrachtet werden, wenn sie, gerade in ehemaligen Bergbaugebieten, räumlich überlagernd auftreten und kausal im Zusammenhang stehen.

Dabei sind Entleerung und Schrumpfung bekannte Prozesse in der ganzen Welt wie auch in den europäischen Industrienationen. Mit besonderer Schärfe traten sie beispielsweise in den Berggebieten der Schweiz und Österreichs sowie dem französischen Zentralmassiv nach dem Zweiten Weltkrieg auf. Periphere Räume wie Irland und die Polargebiete Skandinaviens haben krasse Bevölkerungsverluste erlebt. Die so genannte „passive Sanierung", das heißt die sukzessive Schließung von Infrastruktureinrichtungen ohne Rücksichtnahme auf Mindeststandards, stellt auch in den peripheren ländlichen Gebieten Deutschlands (z. B. Ostfriesland) ein Problem dar. Seit den 80er Jahren ist die Schrumpfung von Siedlungsstrukturen in Deutschland ein Thema der Raumordnung. Allerdings sind in Westdeutschland auf dem Arbeitsmarkt und im Wohnungswesen bereits seit den 70er Jahren Tendenzen offensichtlich, die sich nicht als zyklische Abschwünge deuten lassen. Die Symptome derartiger Prozesse traten insbesondere in Großsiedlungen zutage. Eine enge Verknüpfung der Schrumpfungs- mit der Umweltproblematik wird deutlich, wenn man bedenkt, dass in den westlichen Industriestaaten die viel diskutierte Frage der Industriebrachen oft auch mit der Entstehung von Altlasten in Verbindung gebracht wird. Prominentes Beispiel dafür ist die ehemalige Stahlstadt Pittsburgh/Pennsylvania (Economou 1997).

Ein breiter Zugang zur Schrumpfungsproblematik findet sich bei Wood, der am Beispiel der Region Nordost-England (Newcastle und Middlesbrough) das Phänomen Schrumpfung als „mehrdimensionalen Prozess einer krisenhaften Umstrukturierung von Wirtschaft, Gesellschaft und letztlich auch von baulich-physischer Struktur" definiert (Wood 1994, 293).

Als entscheidende Determinanten für die Schrumpfung, die auch wenig Hoffnung für die zukünftige Entwicklung machen, sieht Wood

- die starke Schrumpfung der traditionellen Industriezweige und einen geringen Anteil zukunftsträchtiger Wirtschaftszweige an der Wirtschaftsleistung der Region
- die Abhängigkeit der gewerblichen Wirtschaft (z. B. hinsichtlich strategischer Unternehmensentscheidungen), des öffentlichen Dienstes und des Arbeitsmarktes von außen
- den schwachen „Unternehmergeist" (u. a. wegen großbetrieblicher Strukturen der Wirtschaft).

Vor dem Hintergrund tiefgreifender gesamtgesellschaftlicher Umbrüche, die mit Schlagworten wie Postfordismus oder Globalisierung umrissen werden können, erweisen sich insbesondere jene Regionen als „schrumpfungsanfällig", die durch „alte" Industrien gekennzeichnet sind. Die Krise bestimmter Branchen wie Kohle und Stahl, deren Blüte einst zum Entstehen monostrukturierter, durch Großbetriebe dominierter Industrieregionen geführt hatte, stellte die betroffenen Regionen vor erhebliche Anpassungsprobleme. Als prototypisch kann hierfür das Ruhrgebiet gelten, in dem der Strukturwandel in den 60er Jahren begonnen hat und bis heute andauert.

Eine besondere Ausprägung erfahren die beschriebenen Prozesse in Ostdeutschland sowie Mittel-Osteuropa nach der politischen Wende. Die starke Ausrichtung der zentral gesteuerten Industriepolitik auf Energieerzeugung, Grundstoff- und Schwerindustrie („Zweite Industrialisierung" nach 1945, z. B. „eiserne Konzeption" in Tschechien: Förster 1980, 1996) bei gleichzeitiger Vernachlässigung der Konsumgüterindustrie führte zu einer starken RGW[1]-internen Exportabhängigkeit der einzelnen Staaten. Dadurch kam es in den mittel- und osteuropäischen Staaten nach dem Strukturbruch 1990 zu einem radikalen Einschnitt in der Produktion. Die stärksten Auswirkungen hatte die Umorientierung des Produktionssektors dabei oft in den zentrenfernen, monostrukturierten Bergbau- und Energieregionen. So ist die Bevölkerung im Braunkohlenrevier der Niederlausitz seit 1990 um mehr als 10 % zurückgegangen (z. B. Hoyerswerda, Senftenberg). Aber auch andere monostrukturierte Städte der DDR mussten einen starken Bevölkerungsrückgang hinnehmen.

Wenngleich sich in der neueren Regionalgeographie zunehmend Konzepte finden, die die ungleichmäßige Regionalentwicklung unter den heutigen Bedingungen zu erklären suchen, herrscht bei den regionalen Akteuren insgesamt meist ein „ungebrochener Wachstumsglaube" (Wood), der vielfach als „Fetisch" charakterisiert wird. Wood sieht hierfür zwei Hauptgründe:

---

1 RGW-Rat für gegenseitige Wirtschaftshilfe, ehemalige Wirtschaftsorganisation der sozialistischen Staaten Mittel- und Osteuropas.

a) die gesellschaftliche Aufgabe: gesellschaftliche Wohlfahrt wird mit Wirtschaftswachstum in Verbindung gebracht. Wachstum ist eine der Grundfeste des Wirtschafts- und Gesellschaftsgefüges.

b) die politische Legitimation: „Eine bewusste Preisgabe der Wachstumsideologie wäre der eigenen Klientel nur schwer zu vermitteln. Wie und – vor allem – warum sollte man die Menschen in Nordost-England davon überzeugen, sich (noch mehr) einzuschränken, während andernorts ein z. T. überbordendes Wachstum für Wohlstand bzw. Überfluss sorgt?" (Wood 1994, 293 f.).

„Planung der Schrumpfung ist [also] viel schwieriger und politisch viel unverdaulicher als Planung des Wachstums" (Adrian 1985, 20). Nichtsdestoweniger scheinen Schrumpfungsprozesse eine unvermeidbare Begleiterscheinung moderner Gesellschaften zu sein. Die Entwicklung von Strategien zum Umgang mit diesem Phänomen ist unabdingbar geworden, wenn einer zunehmenden Polarisierung der Entwicklungsniveaus von Regionen entgegengewirkt werden soll.

Aus städtebaulicher Sicht bildet die überdimensionierte Ausstattung mit baulichen Objekten den Ausgangspunkt der Rückbaustrategie. Im Sinne einer „Wiedergutmachung" von unnötigen Eingriffen in die Natur enthält die Definition für Rückbau von Schilling (1987, 79) z. B. drei Elemente: 1. Einen gegenwärtigen Zustand, der als fehlerhaft verstanden wird. 2. Die Vorstellung eines früheren Zustandes, der als weniger fehlerhaft verstanden wird. 3. Das Ziel eines künftigen Zustandes, der den früheren mindestens annäherungsweise wiederherstellt und damit den fehlerhaften heutigen verbessernd korrigiert.

Die physische Schrumpfung von Siedlungen ist allerdings nur der eine Teil eines sehr komplexen Prozesses, in dem Fragen der Kommunalfinanzen, der Erhaltung öffentlicher und privater Infrastrukturen, des Umgangs mit neuen innerstädtischen Freiräumen und der Gestaltung von „Restsiedlungen" zu klären sind.

In der Tradition der Idee von den „Grenzen des Wachstums" (vgl. Meadows 1972) werden ausgehend von prognostizierten Ressourcenknappheiten, den Konzepten der „critical loads" und „critical levels" (SRU 1994) sowie der Betrachtung der Energie- und Stoffumsätze Fragen der ökologischen Tragfähigkeit menschlichen Wirtschaftens bearbeitet. Ergänzt um das Konzept der Nachhaltigkeit bzw. der „Zukunftsfähigkeit" einschließlich dessen normativen Implikationen erscheint eine Beschränkung des Wirtschaftswachstums unabdingbar. In diesem Verständnis können Schrumpfungsprozesse bzw. -regionen als Modellfälle für das als notwendig erachtete Überwinden des „Fetisch" Wachstums interpretiert werden: „Unsere zentrale These ist, dass die gegenwärtig dominante Orientierung, Schrumpfen in Wachstum umkehren zu wollen, die negativen Folgen nicht nur verstärkt, sondern auch Möglichkeiten neuer [...] Lebensformen verbaut." (Häußermann, Siebel 1987, 120).

Wie sich zeigt, verläuft die Diskussion um das Phänomen Schrumpfung in einem breiten Spannungsfeld unterschiedlicher Herangehensweisen, Interpretationen und Lösungsstrategien. Das Thema ist brisant und hat in den letzten Jahren Raum gegriffen. Insbesondere in der Fachwelt und in der Umweltschutzdebatte wird – seit geraumer Zeit – ein offensiver Umgang mit Schrumpfung diskutiert: „Schrumpfen als dominante Entwicklung darf also nicht verleugnet werden. Ungesteuerte passive Sanierung läuft Gefahr, sich zu einem nicht mehr aufhaltsamen Absturz zu beschleunigen... Notwendig ist, die Prozesse der Desinvestition, des Rückbaus und des Rückzugs aus Gebäuden und Flächen bewusst zu lenken und den Prozessen der sozialen und räumlichen Ausgrenzung gegenzusteuern." (Häußermann, Siebel 1987, 152). Die Einsicht in derartige Zusammenhänge ist für die Leitbildentwicklung in Problemräumen des hier betrachteten Typs von grundlegender Bedeutung. Ein Szenario, das daran geprüft ist, die Schrumpfungssituation kurzfristig in einen Wachstumsprozess umwandeln zu können, würde mit großer Wahrscheinlichkeit zur Frustration der regionalen Akteure und zum Misserfolg des Ansatzes führen. Im Gegensatz dazu erscheint ein Szenario erfolgversprechend, das die Schrumpfungsphänomene zunächst akzeptiert und auf die Sicherung von Mindestversorgungsstandards, die Konsolidierung der Kommunalfinanzen, die Gestaltung des Wohnumfeldes, die Entwicklung endogener Potenziale der Wirtschaft usw. orientiert. Dieses Szenario verspricht auch Erfolge für die regionalen Akteure und kann mittelfristig zur Stabilisierung der Situation führen.

1.3 Intention des neuen raumordnerischen Instruments „Sanierungs- und Entwicklungsgebiet"

Im Raumordnungspolitischen Orientierungsrahmen (BMBau 1995) wird im Kapitel „Nachhaltige Sicherung und Entwicklung der natürlichen Lebensgrundlagen" gefordert, „Handlungsvorschläge für die Sanierung und Umstrukturierung umweltbelasteter Regionen" zu entwickeln. Größere Umweltbelastungen werden darin als gravierender raumstruktureller Missstand charakterisiert, der die Leitvorstellungen der Raumordnung hinsichtlich

– des Schutzes, der Pflege und der Entwicklung der natürlichen Lebensgrundlagen,

– der Offenhaltung der Gestaltungsmöglichkeiten der Raumnutzung und

– der Gleichwertigkeit der Lebensbedingungen

gefährdet.

Die Ministerkonferenz für Raumordnung der Bundesrepublik (MKRO) hat daraufhin eine Arbeitsgruppe „Raumordnerische Instrumente des Freiraumschutzes" eingesetzt. Diese hat einen Diskussionsentwurf mit dem Titel „Sanierungs-

und Entwicklungsgebiete als Instrument der Raumordnung" vorgelegt (MKRO 1996). Dieser entwirft die folgende Intention:

„Sanierungs- und Entwicklungsgebiete" sind Räume, in denen erhebliche, dauerhafte Umweltbelastungen nachweisbar oder zu befürchten sind. Konzeptionell handelt es sich um Aktionsräume auf Zeit mit dem Ziel, bestehende Umweltbelastungen zu beseitigen, die Funktionsfähigkeit des Naturhaushaltes und der natürlichen Lebensgrundlagen wiederherzustellen und möglichst rasch und wirksam Ausgangsbedingungen für eine nachhaltige räumliche Entwicklung zu schaffen. Somit sind Sanierungs- und Entwicklungsgebiete konzipiert als ein spezifisches Instrument der Raumplanung, insbesondere der Regional- und Landesplanung. Es soll dazu dienen,

- gravierende räumliche Umweltprobleme aufzuzeigen,
- Sanierungsziele vorzugeben,
- Initiativen zur Sanierung einzuleiten,
- Fachplanungen in ein integratives Konzept einzubinden,
- öffentliche Mittel in Problemschwerpunkten zu bündeln,
- fachliche Förderprogramme zielführend zu modifizieren,
- zusätzliche Fördermittel einzuwerben und
- auf die Beseitigung der Ursachen der Umweltbelastungen hinzuwirken.

Damit ist das neue Instrument nicht nur komplex konzipiert, sondern setzt vor allem auf neue Entwicklungsperspektiven für die betroffenen Räume, sodass es sich von anderen ressortbezogenen Sanierungsansätzen deutlich unterscheidet. Im Mittelpunkt stehen auch nicht technische oder technologische Sanierungsalgorithmen, sondern akteurs- und handlungsbezogene Vorgehensweisen mit strategischer Kontur. Die Forderung nach der Einbeziehung zusätzlicher Aktionsebenen und Institutionen in die Problemlösung betont die überfachliche Ambition, die die Landes- und Regionalplanung mit dem Instrument verbinden soll.

Außerdem wird im MKRO-Diskussionsentwurf davon ausgegangen, dass eine Reihe von Raumtypen besonders für die Festlegung als Sanierungs- und Entwicklungsgebiete infrage kommen:

- Bergbaugebiete/Bergbaufolgelandschaften,
- Räume mit großflächigen besonderen Schadstoffbelastungen (großflächige Boden- und Grundwasserbelastungen, Strahlenbelastungen, hohe Flächenanteile mit Altlasten),

- Räume mit hoher Luftbelastung/Smoggebiete,
- landwirtschaftliche Intensivgebiete der Tierzucht/-haltung und des Ackerbaus,
- Räume mit Defiziten bei der Gewässerreinhaltung,
- Waldschadensgebiete,
- Räume mit hoher Verkehrsbelastung/hochbelastete Verkehrskorridore.

Auf dieser Grundlage beschloss die MKRO, die aufgezeigten Schritte und Maßnahmen zunächst in Modellvorhaben zu erproben.

1.4 Forschungsziele und Untersuchungskonzept

Die Intention der MKRO bildet den Hintergrund für eine **doppelte Zielstellung** der Begleitforschung:

Erstens war es Ziel des Forschungsvorhabens, die Entwicklungschancen des konkreten Aktionsraumes mithilfe eines integrativen Sanierungs- und Entwicklungskonzeptes grundlegend zu verbessern und mit dem Konzept eine Basis für die Durchführung abgestimmter Sanierungs- und Entwicklungsmaßnahmen der Akteure zu schaffen. Hierbei waren dem Aktionsraum Impulse zu vermitteln, die dazu beitragen sollten, ihn vor dem Hintergrund der sich überlagernden Schäden nachhaltig zu stärken, selbsttragende Entwicklungsprozesse mit Unterstützung durch die Landes- und Regionalplanung zu fördern und damit zur Verwirklichung der Ziele der Landesentwicklung in Sachsen beizutragen. Das Vorhaben sollte sowohl zu einem greifbaren Nutzen für die Beteiligten führen als auch die Akteure in die Lage versetzen, den regionalen Entwicklungsprozess selbst zu koordinieren. Dieses Ziel des Vorhabens folgte dem Anspruch, „über die Realisierungsfähigkeit von Projekten die Realisierungsfähigkeit von Strategien zu dokumentieren" (Gatzweiler 1997, 4).

Zweite Zielsetzung des Vorhabens war die wissenschaftliche Bewertung des neuen raumplanerischen Instruments „Sanierungs- und Entwicklungsgebiet" vor dem Hintergrund des beträchtlichen Bedarfs an der Sanierung umweltbelasteter Räume. Dazu war es erforderlich, das sächsische Instrument zur Ausweisung von Gebieten mit besonderen Entwicklungs-, Sanierungs- und Förderungsaufgaben ebenso wie Regionale Entwicklungskonzepte im sächsischen Planungsverständnis im Hinblick auf ihre Funktionsfähigkeit zu testen und vor dem Hintergrund der bundesweiten Diskussion um neue Planungsinstrumente ggf. Vorschläge zu unterbreiten. Auf der Basis der sächsischen Erfahrungen sollten geeignete Grundlagen für die bundesweite Einführung dieses Instrumentariums geschaffen werden. Hierbei waren die Annahmen des MKRO-Papiers einer kritischen Wertung auf Schlüssigkeit, Realisierbarkeit und mögliche Konsequenzen zu unterziehen.

Interessanter Ausgangspunkt hierbei war die Tatsache, dass der Bund und das Land Sachsen ein unterschiedliches Verständnis von Sanierungs- und Entwicklungsgebieten zu haben scheinen. Dies lässt sich bereits aufgrund der unterschiedlichen Bezeichnung der Instrumente in den Gesetzestexten vermuten. Auf Bundesebene geht es um die „Sanierung und Entwicklung von Raumfunktionen", in Sachsen hingegen um „Räume mit besonderen Entwicklungs-, Sanierungs- und Förderungsaufgaben". Im bundesdeutschen Raumordnungsgesetz (wie auch im Landesplanungsgesetz von Sachsen-Anhalt) ist zudem der Freiraumbezug auffällig, der der Sanierung und Entwicklung von Raumfunktionen zugrunde liegt. Er kommt auch durch die Bezeichnung der in der MKRO-ad-hoc-AG „Raumordnerische Instrumente des Freiraumschutzes" zur Geltung. In Sachsen ist ein derartiger Freiraumbezug nicht explizit ausgewiesen. Aufgrund dieser offenbar unterschiedlichen Auslegungen des Ansatzes durch den Bund und den Freistaat Sachsen ist eine Ausweitung des Zielsystems dieser Untersuchung auf die Klärung von Vor- und Nachteilen beider Auffassungen naheliegend.

Das Forschungsprojekt ist im weitesten Sinne der Implementationsforschung zuzuordnen, die sich als Teilgebiet der Policy-Forschung mit Entscheidungs- und Handlungsketten in sozialen Systemen befasst. Im engeren Sinne geht es dabei um den Vollzug bzw. die Umsetzung und Anwendung von Instrumenten, Planungen und Maßnahmen der Raumordnung und Landesplanung, zu denen auch Sanierungs- und Entwicklungsgebiete zu zählen sind.

Der Fallstudienansatz des Vorhabens war komplex, er schloss Elemente teilnehmender Beobachtung und der Aktionsforschung ein. Zudem hatte er weniger einen erklärenden als einen explorativen und umsetzungsorientierten Charakter und traf – wie die meisten Vorhaben, die sich mit Fragen der interkommunalen Zusammenarbeit beschäftigen – auf eine erhöhte Sensibilität im kommunalpolitischen Raum. Die Komplexität der Aufgabenstellung und die Brisanz der Thematik verlangten somit eine behutsame, flexible und offene Vorgehensweise bei der Durchführung des Vorhabens.

Die Untersuchung war daher so angelegt, dass sie einerseits Veränderungen in den Kooperationsbeziehungen vor Ort berücksichtigen und andererseits Veränderungsimpulse in die Zielregion hinein vermitteln kann. Dies bedeutete, dass diskursive Verfahren und qualitative Untersuchungsmethoden einen bedeutsamen Stellenwert einnahmen. In Gesprächen mit den regionalen Akteuren wurden mögliche Lösungsansätze für Probleme und Konflikte erörtert. Dadurch sollte zu möglichst „passgenauen" Lösungen beigetragen werden. Alle Arbeitsschritte waren daher in engster Zusammenarbeit mit den beteiligten Kommunen und den Akteuren, die für die Entwicklung der Region bedeutsam sind, zu planen und durchzuführen.

Das Vorhaben folgte einem mehrstufigen Handlungsansatz: Zunächst wurde für den Aktionsraum ein ganzheitliches Sanierungs- und Entwicklungskonzept erarbeitet. Grundlagen der Erarbeitung waren die Zielvorgaben des Landesentwicklungsplanes Sachsen (LEP 1994) und des Entwurfs zum Regionalplan Südwestsachsen (RP Südwestsachen 1998) für die Gebietskategorien „Problemgebiete Bergbaufolgelandschaften", „Waldschadensgebiete" und „Grenznahe Gebiete". Im Anschluss daran bzw. zum Teil auch schon zeitlich parallel dazu war die Umsetzung von Maßnahmenvorschlägen (einschl. ihrer Finanzierung) zu organisieren. Abschließend waren Potenziale und Probleme des neuen raumordnerischen Instruments „Sanierungs- und Entwicklungsgebiet" im Hinblick auf seine künftige Verwendung vor dem Hintergrund der Erfahrungen aus diesem Vorhaben darzustellen.

Im Einzelnen umfasste das Forschungsvorhaben folgende Arbeitsschritte:

Erste Bearbeitungsstufe (Konzeptentwicklung)

1. Vorarbeiten bzw. Voraussetzungen für die Erarbeitung eines Sanierungs- und Entwicklungskonzeptes

Ein erster Aufgabenkomplex umfasste Vorarbeiten und die Einschätzung von Voraussetzungen für die Erarbeitung eines Sanierungs- und Entwicklungskonzeptes für den betroffenen Aktionsraum. Dabei ging es um die Erfassung von Problemkonstellationen, die Sichtung und Auswertung der bisherigen überwiegend sektoral determinierten Entwicklungskonzeptionen und Strategiepapiere sowie von Fachplanungen zur Bewältigung der anstehenden Probleme und die Identifizierung der bereits in der Region tätigen Projektgruppen und Initiativen. Darüber wurden Auftaktgespräche in den Gemeinden des Aktionsraumes und mit anderen relevanten Akteuren geführt. Um die erforderliche Präsenz vor Ort zu sichern, wurde ein Projekt- bzw. Kontaktbüro des IÖR im Rathaus Johanngeorgenstadt eingerichtet. Organisatorisch ging es um die Bildung von Arbeitsgruppen und die konzeptionelle Orientierung des bereits existierenden Lenkungsausschusses.

2. Durchführung von Problemanalysen, Ausarbeitung erster Vorschläge für ein Leitbild bzw. Entwicklungsziele sowie Ausarbeitung eines Vorschlags für einen Maßnahmenkatalog

Der zweite Arbeitskomplex umfasste entsprechend des Ansatzes der zielorientierten Programmplanung die Durchführung einer Stärken-Schwächen-Analyse und die Ableitung eines frühen Leitbildes im Aktionsraum. Die Ergebnisse der vorhandenen sektoral determinierten Entwicklungskonzeptionen und Strategiepapiere sowie von Fachplanungen wurden ausgewertet. Fachliche Zielkonzepte (Sanierung Uranbergbau, Tourismusentwicklung, Gewerbeentwicklung) wurden durch Abstimmung mit den entsprechenden Fachressorts des Landes, den Dezernenten der Landsratsämter, den Kommunen sowie sonstigen Akteuren der Region koordiniert.

3. Unterstützung bei der Durchführung erster Maßnahmen für die Realisierung

Parallel zur Erarbeitung des Sanierungs- und Entwicklungskonzeptes wurden erste Projekte dokumentiert und mit dem Ziel der Priorisierung in die Arbeitsgruppen eingebracht, um damit die Umsetzungsrelevanz des Sanierungs- und Entwicklungskonzeptes von Beginn an deutlich zu machen. Begonnen wurde damit, die Förderkulissen für stützende Maßnahmen auf Landes-, Bundes- und EU-Ebene darzustellen: u. a. Einwerbung von Projektmitteln, Vorbereitung und Begleitung der Projektrealisierung durch Ermittlung bzw. Festlegung der Projektträger, des Zeit- und Finanzierungsplans sowie Diskussion und Weiterentwicklung der interkommunalen Zusammenarbeit. Dieser Prozess setzte sich bis zum Ende des Modellvorhabens fort.

Zweite Bearbeitungsstufe (Umsetzung)

4. Konkretisierung und Weiterentwicklung des Leitbildes für den Aktionsraum und Einbindung in die Regionalplanung

Das Leitbild und die Entwicklungsziele für den Aktionsraum mussten den jeweiligen Gegebenheiten angepasst werden. Insbesondere waren sie in einem permanenten Prozess mit den Akteuren und in der Öffentlichkeit zu konkretisieren. Diese Phase hatte auch große Bedeutung für die Selbstbindung der Akteure im Aktionsraum.

5. Stärkung der interkommunalen Zusammenarbeit

Die interkommunale Zusammenarbeit im Aktionsraum bildete das „Rückgrat" für den Erfolg des Sanierungs- und Entwicklungskonzeptes. Eine wesentliche Aufgabe im Rahmen des Projektes war es, die Arbeitsgremien inhaltlich und organisatorisch zu unterstützen. Dabei waren für Spezialfragen Unterauftragnehmer bzw. Experten heranzuziehen. Hierbei war insbesondere auch an eine erweiterte Öffentlichkeitsbeteiligung zu denken, z. B. in Form des Ideenwettbewerbs „Bürger gestalten ihre Region", in dessen Ergebnis die besten Vorschläge öffentlich gewürdigt und prämiert wurden.

6. Beginn der Umsetzung von Maßnahmenvorschlägen

Die Umsetzung der Maßnahmenvorschläge des Sanierungs- und Entwicklungskonzeptes wurde durch die Implementierung entsprechender kooperativer Arbeitsstrukturen und die Sicherstellung der Finanzierung der Maßnahmen angestrebt. Aufgrund der zu erwartenden Schwierigkeiten war während dieser Bearbeitungsphase von einer aufwendigen Begleitung der laufenden Umsetzungsarbeiten auszugehen. Mit einer öffentlichkeitswirksamen Abschlussveranstaltung erfolgte der formale Abschluss der Projektaktivitäten. Da zu diesem Zeitpunkt noch keine selbsttragende Kooperation erreicht war, wurde in Abstimmung mit der Landesplanung ein Konzept zur befristeten Übernahme der Kooperationsbetreuung erarbeitet und ein Mitarbeiter der Regionalen Planungsstelle Plauen in die Aufgabe eingeführt.

7. Bewertung des Instruments „Sanierungs- und Entwicklungsgebiet" und Prüfung seiner Übertragbarkeit

Abschließend wurde das Verfahren im Hinblick auf seine Übertragbarkeit auf andere Problemräume geprüft. Die Eignung des neuen raumordnerischen Instrumentes Sanierungs- und Entwicklungsgebiet wurde bewertet und Hinweise für die Fortschreibung des Landesentwicklungsplans bzw. des Regionalplans erarbeitet. Im Hinblick auf die bundesweite Übertragbarkeit des Ansatzes erwies es sich als sinnvoll, engen Kontakt zu den übrigen bundesweiten Modellvorhaben zu halten und einen gemeinsamen Workshop durchzuführen.

Um zusätzliche Sachkompetenz in den Prozess zu integrieren und den Akteuren damit auch Perspektiven und Partner für die weitere Kooperation im Aktionsraum anzubieten, wurden externe Experten aus Wissenschaft und Entwicklungspraxis in die Projektarbeit einbezogen:

- TU Dresden, Lehrstuhl Raumordnung
  - Zeitweilige Mitarbeit im Projektteam und Mitarbeit am Abschlussbericht
  - Beratung der AG Gewerbe
- TU Dresden, Institut für Allgemeine Ökologie und Umweltschutz
  - Studie „Naturräumliche und radiologische Verhältnisse im Sanierungs- und Entwicklungsgebiet Uranbergbau"
  - Mitarbeit in der AG Uranbergbaufolgen
- TU Dresden, Lehrstuhl für Tourismuswirtschaft
  - Studie „Tourismus im Sanierungs- und Entwicklungsgebiet Uranbergbau"
  - Beratung der AG Tourismus
- Standortentwicklungsgesellschaft Johanngeorgenstadt
  - Studie „Analyse wirtschaftlicher Potenziale des Aktionsraumes"
  - Organisation der AG Gewerbe
- Prof. Sadowski & Partner Consulting GmbH, Zwickau (PSP)

- Konzeptentwicklung und Aufbau einer Regionalagentur im Aktionsraum.

Dieses breite Netzwerk der Forschungskooperation unterscheidet sich deutlich von den üblicherweise im Rahmen von Regionalen Entwicklungskonzepten vermittelten Inputs. Damit wird dem komplexen Charakter des Modellvorhabens Rechnung getragen, gleichzeitig aber auch verdeutlicht, dass die Handlungsbedarfe in Sanierungs- und Entwicklungsgebieten nach Lösungen verlangen, die deutlich über die Potenziale einzelner Forschungsressorts hinausreichen.

2 Vorhandene Instrumente zur Problembewältigung und die Rolle der Raumordnung

Nachdem im vorangegangenen Teil die Problemlage und das Untersuchungskonzept umrissen wurden, werden im Folgenden instrumentelle Grundlagen vorgestellt, die bereits zur Problemlösung zur Verfügung stehen. Ausgegangen wird dabei von Instrumenten der regionalen Strukturpolitik in Deutschland und der Europäischen Union sowie zur Altlastensanierung im internationalen Maßstab (2.1). Daran schließt sich ein Überblick über rechtliche Instrumente an, auf deren Grundlage in Deutschland Sanierungs- und Entwicklungsvorhaben durchgeführt werden können. In die Darlegung werden auch die vorliegenden Entwürfe für ein Umweltgesetzbuch einbezogen (2.2). Schließlich wird die Raumordnung als fachübergreifende Planungsinstitution in Bezug auf die Sanierung und Entwicklung von Raumfunktionen beleuchtet. Den Ausgangspunkt dafür bildet die Debatte der 90er Jahre zu Rolle und Aufgaben der Raumordnung (2.3).

2.1 Regionalisierung als Chance zur besseren Bewältigung von Entwicklungsproblemen

Die Förderung von Problemregionen ist ein wichtiges Anliegen der Regionalpolitik in Deutschland und Europa. Unter regionaler Strukturpolitik wird allgemein das Zusammenwirken von regionaler Wirtschaftspolitik mit den verschiedenen Fachpolitiken verstanden (Agrar-, Sozial-, Schulpolitik usw.). Dabei kann bereits auf ein Repertoire von Instrumenten zurückgegriffen werden. Da es sich im klassischen Verständnis vor allem um wirtschaftlich schwache Regionen handelt, in denen regionalpolitisch gegengesteuert werden muss (Berggebiete, Grenzgebiete einschl. Zonenrandgebiete zur Zeit der deutschen Teilung und ländliche Räume), wird unter regionaler Strukturpolitik in erster Linie ein wirtschaftspolitischer Ansatz verstanden, dessen wichtigstes Instrument in Deutschland seit über 30 Jahren die von Bund und Ländern finanzierte Gemeinschaftsaufgabe „Verbesserung der regionalen Wirtschaftsstruktur" (GRW) ist. Das Förderkonzept der GRW beruht auf Finanzhilfen und Steuervergünstigungen für Unternehmen sowie Zuschüssen für unternehmensnahe Infrastrukturmaßnahmen (vgl. auch Asmacher 1989; Weilepp 1995). Ziel ist die Erhöhung des Beschäftigungs- und Einkommensniveaus in den Fördergebieten. Auch in den neuen Bundesländern ist die GRW seit 1990 zu einem Schlüsselinstrument regionaler Strukturpolitik geworden.

Im ursprünglichen Verständnis war die GRW damit ein maßnahmenorientiertes Instrument, das für die Ursachen der Strukturschwächen weitgehend „blind" war. Die Kritik an der Strukturpolitik des Staates setzt an verschiedenen Stellen an, wobei hier nur auf einige Kritikpunkte, die im Rahmen des Modellvorhabens wichtig erscheinen, angeknüpft werden soll:

- Bei der Fülle zur Verfügung stehender Instrumente erfolgt der Einsatz nicht selten räumlich überlappend. Deshalb ist die Erfolgskontrolle einzelner Instrumente nur schwer möglich, da sich kumulative Wirkungen kaum auf Einzelinstrumente zurückführen lassen.

- Weiterhin wird die zu schwache Orientierung von Programmen und Instrumenten auf Schwerpunkte bemängelt.

- Gleichzeitig wird konstatiert, dass einzelne Politikansätze zu wenig aufeinander abgestimmt sind und mögliche Synergieeffekte durch unzureichende Koordinierung verschenkt werden.

In den 24. Rahmenplan der GRW wurde die Förderung von integrierten regionalen Entwicklungskonzepten aufgenommen. Im Konsens der regionalen Akteure vorgeschlagene Projekte, die aus Leitbildern abgeleitet sind, sollen demnach vorrangig gefördert werden (vgl. Gerlach, Kattein 1998). Auf diese Weise soll der Kooperation in den Zielregionen stärkere Beachtung geschenkt werden. Damit wird auch dem Bedeutungsgewinn der regionalen Ebene in den 90er Jahren Rechnung getragen.

Die Regionalisierung der Strukturpolitik ist das grundlegende Merkmal der Weiterentwicklung des strukturpolitischen Ansatzes in den 90er Jahren (vgl. Bade 1998). Regionalisierung wird hierbei im Sinne einer Kompetenzverschiebung in Richtung der Regionen verstanden. Dabei spielen Ansätze wie die „dezentralisierte Regionalpolitik" (von Malchus 1992) und die „Regionalpolitik der Region" (Scherer 1996) eine wichtige Rolle. Mit der Regionalisierung verbindet sich auch die Hoffnung, die ökonomische Modernisierung besser mit Fragen der ökologischen und sozialen Entwicklung verbinden zu können (Kruse 1992). Typische Instrumente der Regionalisierung sind Regionalkonferenzen und Regionale Entwicklungskonzepte.

Erfahrungen zeigen aber auch, dass die Regionalisierung der Strukturpolitik nicht den Rückzug des Staates bei der Behebung regionaler Strukturschwächen bedeutet. Vielmehr entstehen neue Anforderungen an die vertikale Koordination strukturpolitischer Konzepte, in die auch staatliches Handeln einzubinden ist (Bade 1998, 8). So müssen Fachpolitiken mit den neuen Ansätzen der Regionalpolitik vertraut gemacht werden, damit die Förderpraxis sich an den Grundregeln kooperativen Handelns orientieren kann. Die regionale Ebene benötigt außerdem „Verhandlungspartner" auf Landesebene, um zu vermeiden, dass die Zuständigkeit verschiedener Fachministerien die Umsetzung von Schlüsselprojekten verzögert oder sogar verhindert (Bade 1998).

Ausdruck für die Regionalisierung der Strukturpolitik ist eine Reihe von EU-Initiativen, die auf spezifische Problemkulissen mit regionaler Ausprägung ausgerichtet ist. Neben den Ziel-2-Gebieten oder beispielsweise der EU-Initiative KONVER, die auf die Problembewältigung in ehemals stark militärisch genutzten Regionen abzielte, sind insbesondere die Gemeinschaftsinitiativen INTERREG und LEADER hervorzuheben. INTERREG fördert den sozialen und kulturellen Austausch und die grenzüberschreitende Zusammenarbeit sowohl zwischen Regionen an den Binnengrenzen der Mitgliedsstaaten als auch zwischen EU-Regionen und benachbarten Regionen an den Außengrenzen der Gemeinschaft. Neben der Förderung von kleinen und mittelständischen Unternehmen und Infrastrukturen sollen die INTERREG-Maßnahmen auch dem Umweltschutz und der Umweltkontrolle dienen. Die operationellen Programme im Rahmen von INTERREG werden aus grenzüberschreitenden Entwicklungskonzepten abgeleitet, um Schwerpunktsetzungen vornehmen zu können.

Das LEADER-Programm dient der Förderung ländlicher Räume. Bemerkenswert an LEADER ist, dass die Förderung ausdrücklich an die Bildung so genannter lokaler Aktionsgruppen gebunden ist. Diese sollen ein regionales Innovationskonzept für abgegrenzte ländliche Räume erarbeiten, auf dessen Grundlage die Förderung von Einzelmaßnahmen erfolgt. Insofern ist LEADER ein Programm zur integrierten Entwicklung ländlicher Regionen durch kooperatives Handeln. Da beide EU-Initiativen mit eigenen Budgets ausgestattet sind, ist die Finanzierung der Maßnahmen gesichert und eine Zusammenführung einzelstaatlicher Fachpolitiken nicht zwingend erforderlich.

Nicht zu vergessen ist auch die neue Strukturpolitik der EU für den ländlichen Raum. Auf diesem Feld vollzog sich in den 90er Jahren ein Wandel von der sektorbezogenen Strukturpolitik zur raumbezogenen Entwicklungsstrategie, deren Ziel es ist, sich selbst tragende Wirtschafts- und Finanzkreisläufe in ländlichen Regionen zu schaffen. Sie ist geprägt durch einen integrierten Ansatz von Agrar-, Umwelt-, Wirtschafts-, Regional-, Bildungs- und Sozialpolitik (Matthias-Werner 1998). Zentrales Thema dieses integrierten sektoralen Ansatzes ist die Schaffung von Einkommensalternativen für die Landwirtschaft.

Neben den bereits beschriebenen Ansätzen der sektoralen Strukturpolitik spielten Elemente des kommunalen Finanzausgleichs in der Vergangenheit eine wichtige Rolle beim Ausgleich von Entwicklungsdisparitäten (u. a. Regionale Strukturpolitik 1996, 73 ff.). Auch so genannte parafiskalische Leistungen durch regional differenzierte Arbeitsmarktpolitik sollen in diese Richtung wirken. Allerdings sind auch diese fiskalischen Ansätze „blind" gegenüber den Ursachen von Strukturschwächen.

In den Staaten der EU sind unter dem Aspekt der Regionalisierung einige staatliche Ansätze zu beobachten, die die Handlungsspielräume der Regionen verbessern sollen. In Frankreich ist die Raumordnungspolitik eng mit der Wirtschaftsplanung verbunden und leistet dadurch einen direkten Beitrag zur regionalen Strukturpolitik. Dieser wird über spezielle Fonds zur finanziellen Förderung bestimmter raumbedeutsamer (Infrastruktur-)Maßnahmen und mit einer koordinierten Finanz- und Investitionsplanung in Verbindung mit den Fachplanungsträgern realisiert. Dabei spielen so genannte Planverträge mit den Regionen im Rahmen der staatlichen Fünfjahrespläne eine besondere Rolle (Kistenmacher 1998, 264/265).

Auch die Schaffung bzw. Unterstützung staatlicher Institutionen, die in den Regionen als Entwicklungsmotor dienen soll, ist in verschiedenen Formen zu beobachten. Ein Beispiel hierfür sind die deutschen Landesentwicklungsgesellschaften (LEG), die strukturpolitisch wichtige Ziele umsetzen. In Nordrhein-Westfalen hat die LEG beträchtlich zur Umsetzung der IBA Emscher Park beigetragen. In Thüringen kommt der LEG eine Schlüsselfunktion bei der Revitalisierung von Industriebrachen zu (Schach 2000). Dabei wird in Thüringen zunehmend der Versuch unternommen, die Sanierung von Industriestandorten mit Regionalen Entwicklungskonzepten zu verknüpfen, indem das Flächenrecycling als Schlüsselinstrument im Regionalmarketing eingesetzt wird.

Auch die Stiftung Innovation und Arbeit Sachsen (SIAS) ist eine solche strukturpolitisch konzipierte Institution. Von der Sächsischen Staatsregierung, den Gewerkschaften und den Arbeitgeberverbänden gegründet, hat sie die Aufgabe, die Reindustrialisierung in den Regionen und Industriebrachen zu unterstützen und dazu betriebliche, zwischenbetriebliche, branchenorientierte und regionale Wege darzustellen, auf denen neue Arbeitsplätze geschaffen werden können. Die SIAS soll traditionelle Mittel der Wirtschafts- und Arbeitsmarktförderung durch die Herausbildung eines Klimas der Kreativität von unten ergänzen. Besonderes Augenmerk liegt dabei auf der Schaffung regionaler Kreisläufe und Wertschöpfungsketten (Krippendorf, Richter 1999, 64). In diesem Kontext wird die Stiftung als Netzwerkkoordinator tätig. Ähnliche Organisationen gibt es auch in einigen anderen ostdeutschen Bundesländern.

Über solche generellen Entwicklungsinstrumente hinaus lässt sich eine Reihe von Instrumenten anführen, die speziell für die Sanierung von Umweltschäden konzipiert wurde. In Europa ist das Flächenrecycling im Wesentlichen ein einzelfallbezogenes Instrument, mit dem in den EU-Staaten eine Reihe beachtlicher Erfolge bei der Revitalisierung alter Industriestandorte erzielt wurden (Siebert, Plaster 1999). Bezüglich der räumlichen Lage und der Entwicklungsziele sind mehrere Problemtypen unterscheidbar:

– wachstumsschwache und peripher gelegene Montanreviere mit großflächigen Industriebrachen und einem wenig dynamischen Bodenmarkt,

– mittelgroße Flächen in industriellen Ballungsgebieten mit der Perspektive der weiteren industriell-gewerblichen Nutzung bei guter Nachfragesituation,

– zentrale Innenstadtlagen in mittleren bis großen Städten, die sich für tertiäre Nutzungen anbieten und in engem Zusammenhang mit Stadtentwicklungskonzepten stehen (Ferber 1995, 16) sowie

– Konversionsgebiete überwiegend in strukturschwachen ländlichen Räumen.

Zur Förderung des Flächenrecyclings auf regionaler Ebene sind mit den Grundstücksfonds in Nordrhein-Westfalen, dem „Derelict Land Grant" in England und dem „Contrat de Plan" in Frankreich auch spezielle Instrumente geschaffen worden, die sowohl die Bereitstellung von Fördermitteln als auch adäquate Programm- und Projektträgerstrukturen beinhalten (Ferber 1995, 17). Da der einzelfallbezogene Ansatz beim Flächenrecycling in vielen Fällen ins Leere läuft, werden integrierte regionale und kommunale Vorgehensweisen gefordert, die in „interdisziplinärer Art und Weise Kompetenzen, Fördermittel und private Investitionen" bündeln und auf prioritäre Projekte lenken (Ferber 1995, 18). Solche Strategien erscheinen insbesondere in den peripher gelegenen Montanrevieren und Konversionsgebieten erforderlich, in denen die Bodennachfrage schwach ist.

In Baden-Württemberg, dem deutschen Bundesland mit der größten Anzahl erkundeter Altlasten, wurde 1988 ein Altlastenfond gebildet, dessen Mittel anteilig von Kommunen und Land aufgebracht werden. Er dient der Erkundung und Behandlung kommunaler Altlasten und ist Bestandteil einer mehrstufigen Konzeption, die auf die Gefahreneingrenzung und -abwehr bei Altlasten abzielt.

Ein weiteres interessantes Beispiel für das direkte Engagement des Staates bei der Behebung von Umweltschäden sind auch die so genannten Superfonds in den USA (Bachmann et al. 1990). Sie gehen auf das außerordentliche bundesstaatliche Interesse zurück, kontaminierte Standorte zu sanieren („clean up the nation"). Das Superfonds-Programm ist ein reines Sanierungs-, nicht aber ein Entwicklungsprogramm. Auch sind die betroffenen Regionen nicht in die Abstimmung einbezogen, sodass das Programm von beträchtlichen Umsetzungsdefiziten begleitet ist (Bachmann et al. 1990).

Letztlich haben auch staatliche bzw. halbstaatliche Sanierungsunternehmen wie die LMBV[2] (Braunkohlensanierung) und die Wismut GmbH (Uranbergbausanierung) in Deutschland oder auch das halbstaatliche Bergbau- und Sanierungsunternehmen Cogema in Frankreich strukturpolitische Bedeutung, und zwar sowohl in ökonomischer als auch in ökologischer und sozialer Hinsicht. Mit den entsprechenden Unternehmen ist die Bereitstellung beträchtlicher Mittel verknüpft, die durchaus regionalwirtschaftliche Impulse auslösen können. Allerdings sind staatliche Unternehmen auch stets schwierige Partner für die regionalen Akteure, deren Einfluss auf die Sanierungsstrategien und -maßnahmen der Unternehmen naturgemäß begrenzt ist.

Im Ergebnis der Betrachtung einzelner Instrumente der Regionalisierung wird eine generelle Tendenz zu regionalen Entwicklungsansätzen erkennbar. Einen interessanten Ansatz zur Optimierung der regionalen Strukturpolitik stellt Sche-

---

2 Lausitzer und Mitteldeutsche Bergbau-Verwaltungsgesellschaft mbH.

rer (1996) unter dem Begriff „Regionale Entwicklungspolitik" vor (Abb. 3). In erster Linie wird darunter die Zusammenführung von regionaler Wirtschaftspolitik und Raumordnungspolitik verstanden. Hinzu treten Elemente der kommunalen Wirtschaftsförderung und raumwirksame Fachpolitiken. Als Beispiel für die Umsetzung dieses Konzepts kann die Regionale Entwicklungsagentur Südostniedersachsen (RESON) gelten, die seit 1994 als intermediärer Akteur den regionalen Dialog organisiert und an der Umsetzung regional bedeutsamer Projekte beteiligt ist. Durch die gemeinsame Trägerschaft von Unternehmen, Gebietskörperschaften, Gewerkschaften und wissenschaftlichen Institutionen können bedeutende regionale Kompetenzen gebündelt und bei der Projektkoordinierung und -finanzierung genutzt werden.

Das Schema von Scherer lässt zunächst keinen Koordinator erkennen. Die vom hier bereits mehrfach genannten Autor geführte Debatte um die Koordinierung regionaler Entwicklungsprozesse spiegelt letztlich die vielfältigen Optionen wider, unter denen die Koordination von komplexen regionalen Entwicklungsaufgaben erfolgen könnte. Die Favorisierung von „Konferenzen" und Public-Private-Partnership-Lösungen führt letztlich nicht weiter als ohnehin bekannt.

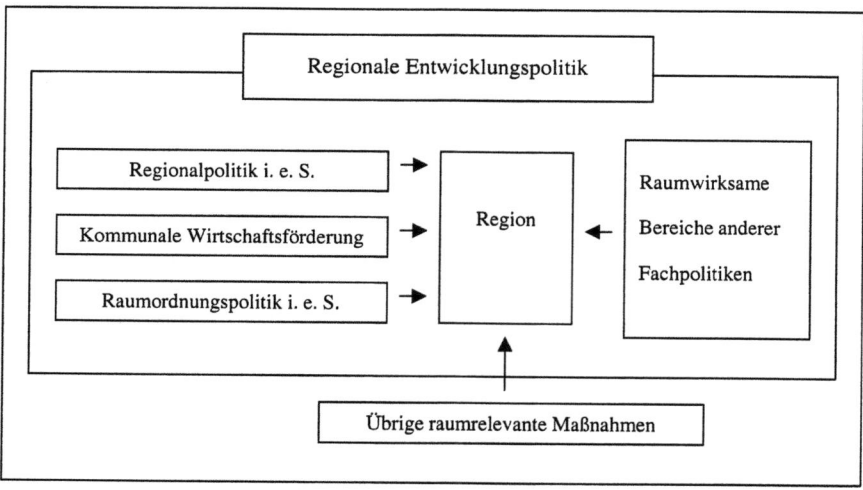

Abb. 3: Schema einer „Regionalen Entwicklungspolitik" nach Scherer (1996, 40)

Für das Modellvorhaben lassen sich aus den Betrachtungen zur Regionalisierung und zur regionalen Strukturpolitik bereits einige Schlüsse ziehen:

- Im regionalen Kontext gewinnen komplexe Lösungen, in die ökonomische, ökologische und soziale Belange einfließen, an Bedeutung, während für die Lösung von Einzelproblemen bereits ein großes Repertoire von Instrumenten zur Verfügung steht.

- Mit der Regionalisierung von Problemlagen und Lösungsstrategien wird zunehmend das Anknüpfen an die Ursachen von Missständen erforderlich. Maßgeschneiderte Lösungen gewinnen gegenüber allgemeinen Förderinstrumenten an Bedeutung.

- Die regionale Kooperation der Akteure wird zunehmend zur Voraussetzung für die Festlegung von Strategien und die Bedingung für die Förderung regional bedeutsamer Projekte.

- Mit der Regionalisierung wächst der Bedarf an vertikaler Koordination Kommune – Region – Staat. Die Verlagerung von Entscheidungskompetenzen vom Staat auf die Regionen bedeutet nicht den Rückzug des Staates aus der regionalpolitischen Verantwortung.

- Es erscheint notwendig, das vorhandene regionalpolitische Instrumentarium einer Evaluierung zu unterziehen, um die Effizienz und die komplementären und kompatiblen Einsatzmöglichkeiten der einzelnen Instrumente besser einschätzen zu können.

2.2 Rechtliche Grundlagen für Sanierung und Entwicklung in Deutschland

2.2.1 Sanierung und Entwicklung auf Raumordnungsebene

Seit dem 01.01.1998 sieht das **Raumordnungsgesetz** (ROG) in § 7 Abs. 2 Nr. 2 c vor, dass Raumordnungspläne Festlegungen zur Raumstruktur (Siedlungs-, Freiraum-, Infrastruktur) enthalten sollen, wobei zu der anzustrebenden Freiraumstruktur die „Sanierung und Entwicklung von Raumfunktionen" gehört. Die Bundesregierung will die Sanierung und Entwicklung von Raumfunktionen gem. § 7 Abs. 2 Nr. 2 c ROG in erster Linie auf solche Gebiete beziehen, die nach Beendigung einer bestimmten Nutzung brach gefallen sind und nun einer neuen Nutzung oder Funktion zugeführt werden sollen (BT Drs. 13/6392, 83, zu § 7). Die Länder müssen diese rahmenrechtliche Vorschrift des § 7 ROG innerhalb von 4 Jahren in ihr Landesrecht umsetzen (§§ 6, 22 ROG). Sowohl die Formulierung im Gesetz als auch die Intention des Gesetzgebers gestatten den Ländern beträchtliche Interpretationsspielräume. Das eine Extrem wäre, die Sanierung und Entwicklung von Raumfunktionen durch die Festlegung einzelner Brachflächen umzusetzen. Die konträre Position dazu könnte sein, das Anliegen der Sanierung und Entwicklung lediglich als Grundsatz zu verstehen und auf die Ausweisung konkreter Flächen im Plan gänzlich zu verzichten. Im Falle einer Reduzierung des Anwendungsbereichs auf Einzelbrachen würde der Anwendungsbereich dieser Raumkategorie stark eingeschränkt. Zudem wäre in nur wenigen Fällen bei einer Einzelbrache das Erfordernis der Überörtlichkeit – eine Voraussetzung für die raumordnerische Ausweisung – erfüllt. Bei einer allgemeinen Fassung des Ansatzes als Grundsatz indes würde der konkrete planerische Handlungsauftrag fehlen. Da Sachsen und Thüringen bereits im Vorgriff auf diese bundesweite Regelung landes- und regionalplanerische Voraussetzungen für die Ausweisung und den Umgang mit umweltbelasteten Räumen geschaffen haben, sollen die in diesen Bundesländern praktizierten Wege zunächst vorgestellt werden.

In **Sachsen** besteht schon seit 1992 die Möglichkeit, im Landesentwicklungsplan „Räume mit besonderen Entwicklungs-, Sanierungs- und Förderungsaufgaben" auszuweisen (§ 2 Abs. 2 Nr. 4 SächsLPlG)[3]. Was unter einem solchen Gebiet zu verstehen ist oder wie eine Umsetzung in den Landes- bzw. Regionalplänen erfolgen soll, ist im Sächsischen Landesplanungsgesetz nicht vorgegeben. Im Landesentwicklungsplan Sachsen 1994 (LEP) wurden solche Gebiete ausgewiesen. Der LEP versteht unter Gebieten mit besonderen Entwicklungs-, Sanierungs- und Förderungsaufgaben solche, in denen aufgrund ihrer Lage im Raum, ihrer großflächigen umwelt- oder bergbaubedingten Belastungen die Lebensbedingungen oder die Entwicklungsvoraussetzungen in ihrer Gesamtheit im Verhältnis zum Landesdurchschnitt wesentlich zurückgeblieben sind oder ein solches Zurückbleiben zu befürchten ist (LEP, Z-30, 2.). Dabei wird zwischen „grenznahen Gebieten", „Bergbaufolgelandschaften" und „Waldschadensgebieten" unterschieden.

Der im Modellvorhaben „Sanierungs- und Entwicklungsgebiet Uranbergbau" untersuchte Aktionsraum ist weitgehend identisch mit einem Problemgebiet der „Bergbaufolgelandschaft – Uranbergbau" im Landesentwicklungsplan des Freistaates Sachsen (LEP, Karte 5). Der Aktionsraum wird zusätzlich noch von der Kategorie des „grenznahen Gebietes" und z. T. auch von der Kategorie „Waldschadensgebiet" überlagert. Bei der Ausweisung als Sanierungs- und Entwicklungsgebiet im LEP handelt es sich um ein Ziel der Raumordnung gemäß § 3 Nr. 2 ROG.

Im Entwurf des Regionalplanes Südwestsachsen, der gemäß § 6 SächsLPlG die Ziele und Grundsätze des LEP räumlich und sachlich ausformt, sind die Bergschadensgebiete Uranbergbau und die Waldschadensgebiete scharf umrissen (Karte „Sanierungsbedürftige Bereiche der Landschaft/Landschaftspflege"; Zielkarte). Innerhalb der flächenhaft dargestellten Bergschadensgebiete können sich gemäß Regionalplan-Entwurf (B-60, Begründung zu den Punkten 4.5.1.1 und 4.5.1.2) mehrere Einzelstandorte befinden, die zu einem Plangebiet zusammengefasst sind und folglich aus regionalplanerischer Sicht überregional bedeutsame Standorte darstellen.

Die Ausweisung im LEP Sachsen bzw. im Regionalplan Südwestsachsen erinnert an „herkömmliche" raumordnerische Instrumente mit Ordnungsfunktion. So spricht auch die sächsische Staatsregierung in ihrer Begründung zum Entwurf

---

[3] Das Sächsische Landesplanungsrecht wurde im Dezember 2001 – nach Redaktion dieses Buches – neu geregelt. Die folgenden Verweise auf das Landesplanungsgesetz des Freistaates Sachsen beziehen sich noch auf die ursprüngliche Fassung vom 24. Juni 1992.

des Landesplanungsgesetzes (LT Drs. 1/1246) bei Sanierungs- und Entwicklungsgebieten von einem „Planungsinstrument" und stellt dieses in eine Reihe mit den „Raumkategorien", „Zentren" und „Achsen" (§ 2 Abs. 2 Nr. 1-3 SächsLPlG). Mit einem solchen Verständnis von Sanierungs- und Entwicklungsgebieten ermöglicht es das sächsische Landesplanungsgesetz, dass sich die Landesentwicklung in Sanierungs- und Entwicklungsgebieten mit räumlichen Problemen in einer umfassenden Weise befasst. Dementsprechend sind im LEP für Bergbaufolgelandschaften – und damit auch für das „Sanierungs- und Entwicklungsgebiet Uranbergbau" – umfangreiche Aufgaben aus unterschiedlichen Bereichen (Umweltsanierung, Wirtschaft, Infrastruktur, Städtebau etc.) genannt, die konkret aufgegriffen werden sollen (LEP, Z-31 Punkt 2.2 und B-43 Begründung zu Punkt 2.2).

Auch **Thüringen** hat im Regionalen Raumordnungsplan der Region Ostthüringen 1995 (RÖP) bereits sog. „Ökologische Sanierungsgebiete" ausgewiesen. Diese Ausweisung erfolgte aufgrund des § 12 Abs. 2 Nr. 6 ThLPlG; danach sind im Regionalen Raumordnungsplan raumbedeutsame Planungen und Maßnahmen zur Beseitigung und Vermeidung von Umwelt- und Landschaftsschäden darzustellen. Im thüringischen Verständnis handelt es sich bei ökologischen Sanierungsgebieten um Teilgebiete der Region, in denen die ökologische Gesamtsituation als wesentliche Voraussetzung für eine gedeihliche Entwicklung des entsprechenden Teilgebietes und der Region vorrangig verbessert werden soll (RÖP, Teil A, Punkt 2.3.3). In der Begründung wird ausgeführt, dass, um einen allmählichen Abbau bestehender Disparitäten zu ermöglichen, dringend umfangreiche Sanierungs- und Entwicklungsmaßnahmen mit Unterstützung entsprechender Fördermaßnahmen des Bundes und des Landes erforderlich seien. Bei dieser Festsetzung handelt es sich um ein Ziel der Raumordnung (RÖP Begründung zu Punkt 2.3.3). Die Ausweisung ähnelt aufgrund des gleichartigen Verständnisses (ökologische Gesamtsituation steht im Zusammenhang mit regionaler Entwicklung) und der Herangehensweise (Ziel-Ausweisung) der sächsischen Regelung, allerdings wird der Entwicklungsaspekt weniger stark betont.

Dass es weitere Auslegungsmöglichkeiten im Sinne § 7 Abs. 2 ROG gibt, wird im **Regionalplan Westsachsen** (Beteiligtenentwurf 8/1996) gezeigt. In der Karte „Sanierungsbedürftige Bereiche der Landschaft" werden in diesem Plan zwei Kategorien unterschieden. Neben den „Sanierungsbedürftigen Bereichen der Landschaft" gibt es „Bereiche mit besonderen Nutzungsanforderungen". Beide Kategorien sind als Ziele der Raumordnung ausgewiesen. Bei sanierungsbedürftigen Bereichen der Landschaft handelt es sich um Gebiete, in denen eines oder mehrere landschaftliche Schutzgüter wie Klima, Wasser, Boden, Arten und Biotope sowie Landschaftsbild beeinträchtigt werden. Damit sind es Sanierungs- und Entwicklungsgebiete in der Intention des ROG. Im Gegensatz dazu sind Bereiche mit besonderen Nutzungsanforderungen Gebiete, in denen aufgrund hoher naturräumlicher Empfindlichkeit und Beeinträchtigungsrisiken besondere Anforderungen an Nutzungs- und Bewirtschaftungsformen gestellt werden. Zu den „Bereichen mit besonderen Nutzungsanforderungen" gibt es bisher noch keine näheren Untersuchungen.

Als erstes deutsches Bundesland hat **Sachsen-Anhalt** die Neuregelung des Bundes umgesetzt. Im Landesplanungsgesetz vom 05.03.98 wird in § 6 Abs. 3 Nr. 3 geregelt, dass in den Regionalen Entwicklungsplänen die räumliche Konkretisierung und Ergänzung zu den im Landesentwicklungsplan ausgewiesenen Festlegungen zur Freiraumstruktur festzulegen ist. Zu diesen Konkretisierungen gehören u. a. nach § 6 Abs. 3 Nr. 3 k LPlG Sachsen-Anhalt „Gebiete zur Sanierung und Entwicklung von Raumfunktionen".

In **Niedersachsen** – dort liegen die anderen beiden Modellvorhaben zu Sanierungs- und Entwicklungsgebieten (Vechta und Okertal) – gibt es noch keine vergleichbare gesetzliche Regelung.

Resümierend ist festzustellen, dass der Bund im ROG eine Regelung getroffen hat, die die Sanierung und Entwicklung von Raumfunktionen auf den Freiraum bezieht. Die Intention des Gesetzgebers zielt darauf ab, insbesondere Gebiete mit großen Industriebrachen als Sanierungs- und Entwicklungsgebiete auszuweisen. Sachsen-Anhalt hat sich bei der Umsetzung des Bundesrechts sehr genau an die Vorgabe des ROG gehalten. Die im Vorfeld der ROG-Novelle 1998 entstandenen Regelungen in Thüringen und Sachsen machen deutlich, dass diese Länder ein modifiziertes und durchaus weiterreichendes Verständnis von Sanierungs- und Entwicklungsgebieten haben. Die bereits erfolgte planerische Umsetzung in Westsachsen zeigt zusätzliche Optionen bei der Interpretation von Sanierungs- und Entwicklungsgebieten, während in Niedersachsen, wo bereits Modellvorhaben zur Umsetzung des Instrumentes laufen, noch gar keine rechtliche Regelung existiert.

Dies wirft die Frage auf, welche Spielräume die Länder bei der Umsetzung der Regelung im ROG in Landesrecht überhaupt besitzen. Die Notwendigkeit der durchgeführten Modellvorhaben wird dadurch begründet. Sie können dazu beitragen, Umsetzungsoptionen zu prüfen und auch Prämissen für die Umsetzung vorzuschlagen (vgl. Kapitel 5).

2.2.2 Sanierung und Entwicklung im besonderen Städtebaurecht

Im Städtebaurecht sind Sanierungs- und Entwicklungsmaßnahmen schon seit langem ein bewährtes Instrument. Sie dienen der Behebung so genannter städtebaulicher Missstände (§ 136 Abs. 2 BauGB) bzw. der (erstmaligen) Entwicklung von Gemeindegebieten (§ 165 Abs. 2 BauGB). Diese Maßnahmen sind durch die Besonderheit gekennzeichnet, dass sie im öffentlichen Interesse von der öffentlichen Hand veranlasst, von ihr umfassend geleitet und durch den Einsatz öffentlicher Mittel gefördert werden. Das öffentliche Interesse bezieht sich dabei nicht nur auf die Vorbereitung, die Bauleitplanung und die Bodenordnung, sondern vor allem auch auf die alsbaldige Planverwirklichung (Janssen 1999).

Städtebauliche Sanierungsmaßnahmen (§§ 136 ff. BauGB) dienen der Lösung komplexer städtebaulicher Probleme im Rahmen einer Gesamtmaßnahme, deren einheitliche und zügige Durchführung im öffentlichen Interesse liegt. Im Rahmen der Durchführung wird unterschieden zwischen Ordnungsmaßnahmen als Aufgabe der Gemeinde und Baumaßnahmen im privaten Bereich, die grundsätzlich den Eigentümern obliegen. Dabei kommen sowohl allgemeine städtebauliche Instrumente in Betracht (z. B. Enteignung, §§ 147 Nr. 1, 87 BauGB (Battis u. a. 1998)) als auch Regelungen, die speziell der Sanierungsdurchführung Rechnung tragen (z. B. Genehmigungsvorbehalte, § 144 BauGB). Zur Deckung der Kosten können im Rahmen eines Bund-Länder-Programms Städtebaufördermittel eingesetzt werden, sodass der Eigenanteil der Gemeinden reduziert wird (Janssen 1999).

Durch **städtebauliche Entwicklungsmaßnahmen** (§§ 165 ff. BauGB) werden Ortsteile entsprechend ihrer besonderen städtebaulichen Bedeutung erstmals entwickelt oder im Rahmen der städtebaulichen Neuordnung einer neuen Entwicklung zugeführt. Typisch dafür sind bisher nicht beplante Bereiche am Stadtrand, die als Siedlungsflächen für Wohnen oder Gewerbe neu entwickelt werden sollen. Eine Neuordnung betrifft vor allem größere brachgefallene Industrie- oder Gewerbeflächen. Wesentliches Merkmal ist auch hier die zügige Durchführung der Maßnahmen (Janssen 1999). In einem förmlich festgelegten Entwicklungsbereich ist die Enteignung eines Grundstücks auch ohne Bebauungsplan und ohne Anwendung des § 87 BauGB zulässig (§ 169 Abs. 3 BauGB). Die Finanzierung der Entwicklungsmaßnahmen erfolgt durch die Abschöpfung der Wertsteigerung der Grundstücke.

Der Ablauf städtebaulicher Sanierungs- und Entwicklungsmaßnahmen ist gekennzeichnet durch eine vorbereitende Untersuchung, die Bestimmung einer Satzung (Abgrenzung des Gebietes, Festlegung von Ziel und Verfahren) und anschließend die Durchführung der Maßnahme. Diese genauen Vorgaben des Sanierungs- und Entwicklungsablaufs und die gesetzliche Bestimmung, wann eine städtebauliches Sanierungsgebiet vorliegt (§ 136 Abs. 2 BauGB) unterscheidet die städtebauliche Sanierungs- und Entwicklungsmaßnahme von der der Raumordnung, wo sich keinerlei gesetzliche Definition der Voraussetzungen finden lässt. Auch durch die Eröffnung von Zugriffsmöglichkeiten (z. B. Enteignung) und die gesetzlich geregelte Finanzierung geht das Städtebaurecht über die raumordnerische Regelung hinaus.

Ein weiteres, im Zusammenhang mit Sanierung und Entwicklung zu erwähnendes rechtliches Instrument ist das **Rückbau- und Entsiegelungsgebot** nach § 179 BauGB. Die Gemeinde kann den Eigentümer verpflichten, die Beseitigung einer baulichen Anlage zu dulden, wenn diese Anlage den Festsetzungen des Bebauungsplans nicht entspricht und ihnen nicht angepasst werden kann oder die bauliche Anlage nicht den allgemein Anforderungen an gesunde Wohn- und Arbeitsverhältnisse entspricht und diese Missstände nicht behoben werden können. Das Entsiegelungsgebot kommt infrage, wenn die Bebauung oder Versiegelung dauerhaft nicht genutzter Flächen den Festsetzungen des Bebauungsplans nicht entspricht und ihnen auch nicht angepasst werden kann. Hier besteht für Kommunen bereits eine Handlungsoption für den Rückbau, die nicht die Ausweisung als Sanierungs- und Entwicklungsgebiet voraussetzt, räumlich allerdings auf Einzelstandorte begrenzt bleibt.

2.2.3 Sanierung und Entwicklung im medialen Umweltrecht und im UGB-Entwurf

Im Umweltrecht wird das Problem der Umweltbelastungen hauptsächlich durch das **klassische Ordnungsrecht** geregelt. Diese Regelungen lassen sich in Instrumente der direkten und der indirekten Verhaltenssteuerung untergliedern (Kloepfer 1998). Zur direkten Verhaltenssteuerung gehören z. B. Anzeigepflichten, Genehmigungsverfahren, Überwachung, nachträgliche Maßnahmen sowie Strafnormen. Instrumente der indirekten Verhaltenssteuerung sind Abgaben und Steuern sowie flexible Instrumente wie informelle Absprachen oder Verträge und Selbstverpflichtungen der Wirtschaft.

Dem im Mittelpunkt staatlicher Umweltpolitik stehenden Instrument des klassischen Ordnungsrechts ist eigen, dass die Tatbestände an eine sog. „Gefahr" anknüpfen. Der Begriff der Gefahr kann im jeweiligen Gesetz bestimmt sein, indem z. B. festgelegt wird, dass das Erreichen von bestimmten Grenzwerten eine Handlungspflicht auslöst. Unabhängig von der Festlegung von Grenzwerten ist eine Gefahr gegeben, wenn eine Beeinträchtigung der öffentlichen Sicherheit und Ordnung mit Wahrscheinlichkeit zu erwarten ist (Kloepfer 1998). Erst wenn die Gefahrenschwelle überschritten ist, entsteht eine Pflicht der Ordnungsbehörde, tätig zu werden. Ziel einer Sanierung ist es dabei, die Gefahr zu beheben – insbesondere durch Unterschreitung der Grenzwerte. Außerhalb des Gefahrenbereichs greifen die Regelungen des Ordnungsrechts in der Regel nicht.

Gerade bei der Festlegung von Grenzwerten und der damit verbundenen Bestimmung des Gefahrenbereichs wird der Kompromisscharakter des Umweltrechts deutlich. Grenzwerte suggerieren ungefährliche „natürliche" Zustände, solange der festgelegte Wert nicht überschritten wird. Grenzwerte sind aber mangels exakter Kenntnisse in vielen Fällen nur Interpretationen des erzielten wissenschaftlichen Kenntnisstands. Die Festlegung von Grenzwerten ist somit eine politische Entscheidung (Wilhelm 1996, 4).

Zudem ist das Umweltrecht in der Regel an ein bestimmtes Medium (Boden, Luft, Wasser) geknüpft. Da das Umweltrecht in Deutschland heute noch keine Querschnittsaufgabe ist und eine ganzheitliche rechtliche Betrachtung bisher nur teilweise vorgenommen wird (UVP), bestehen beim Umgang mit komplexen Umweltschäden Umsetzungsdefizite. Gerade die Instrumente des Umweltordnungsrechts werden immer mehr als zu einseitig, zu uneffektiv und für die

Volkswirtschaft zu teuer kritisiert (Wilhelm 1996). Somit bedarf es neben der zunehmenden Stärkung fiskalischer Instrumente auch überfachlicher Regelungen, die nicht zu starr an die Einhaltung von Grenzwerten anknüpfen.

Allerdings existiert mit der **Landschaftsplanung** bereits ein gesamtplanerisches Instrument des Umweltrechts. Durch sie soll eine flächendeckende Planung zu Belangen des Naturschutzes und der Landschaftspflege erreicht werden. Landschaftsplanung ist eine Fachplanung des Naturschutzes, die in Parallele zur Raumordnungsplanung ausgestaltet und mit dieser verzahnt ist. Die Ziele und Grundsätze der Raumordnung werden im Rahmen der Landschaftsplanung berücksichtigt und die Landschaftsplanung wird in die Raumplanung integriert. Das grundsätzliche Problem der Landschaftsplanung ist jedoch ihre Unverbindlichkeit. Sie stellt eine vorbereitende Planung dar und erhält nur dann Verbindlichkeit, wenn ihre Inhalte als Ziele in die Raumordnungspläne aufgenommen werden (Kloepfer 1998, von Dressler u. a. 2000). Für die Sanierung von Umweltschäden ist das Instrumentarium der Landschaftsplanung deshalb unzureichend. Insofern kann die Ambition der Raumordnung, verstärkt umweltorientierte Instrumente zu erproben, auch als Reaktion auf dieses Defizit interpretiert werden.

Bemühungen der 70er Jahre, eine Gesamtkodifikation des Umweltrechts zu erstellen, waren damals zunächst im Tagungsbereich steckengeblieben. Ein Gutachterauftrag des BMU hat später zu dem so genannten Professorenentwurf eines Umweltgesetzbuches (UGB-ProfE) geführt: 1990 zum allgemeinen Teil und 1994 zum besonderen Teil. Die vom BMU eingesetzte Unabhängige Sachverständigenkommission zum UBG hat daraufhin im September 1997 unter Berücksichtigung des Professorenentwurfs einen Kodifikationsentwurf (UGB-KomE) vorgelegt. Ziel dieses Entwurfs war die Harmonisierung und die Verbesserung der Effizienz des Umweltrechts.

Hinsichtlich der im UGB-KomE erörterten Planungsinstrumente ist neben der Plan-UVP (Umweltverträglichkeitsprüfung) vor allem die medienübergreifende Umweltgrundlagenplanung von Bedeutung. Umweltgrundlagenpläne sollen nach der Vorstellung des UGB-KomE keine eigene Planungskategorie sein, sondern jeweils Vorstufen der raumordnerischen Pläne (Schink 1999). Die Umweltgrundlagenplanung soll dem Ziel dienen, bei Entscheidungen über raumbedeutsame Planungen und Maßnahmen die Auswirkungen auf die Umwelt und den Menschen zu beurteilen, nachteilige Auswirkungen zu vermeiden oder so gering wie möglich zu halten und den Zustand der Umwelt zu verbessern (§ 69 Abs. 1 UGB-KomE). Dazu sollen in den regionalen Umweltgrundlagenplänen auch Maßnahmen dargestellt werden, die erforderlich sind, um festgesetzte Merkmale zu erreichen oder zu erhalten (§ 72 Abs. 1 Nr. 5 UGB-KomE). Der UGB-KomE geht also davon aus, dass im Plan sowohl präventive Festsetzungen als auch solche zur Sanierung enthalten sein sollten. Damit würde die Umweltgrundlagenplanung deutlich weiter führen als die Landschaftsrahmenplanung und könnte dazu beitragen, das bestehende Defizit der Raumordnung an Umweltinformationen auszugleichen. Die Festsetzung von Sanierungs- und Entwicklungsgebieten könnte dann auf der Grundlage einer integrierten Umweltplanung erfolgen.

Der Vorteil dieses Ansatzes bestünde zweifellos darin, dass die planerische Ausweisung von SEG in fachlich qualifizierter Weise erfolgen könnte. Ungelöst wäre allerdings auch dann die Frage der Umsetzung. Vor dem Hintergrund der allgemeinen „Planungsverdrossenheit" ist ein Zuwachs an Planungsinstrumenten generell nur schwer zu begründen, sofern nicht gleichzeitig Fortschritte bei der Umsetzung in Aussicht gestellt werden können. Diese sind aber auf der Grundlage des neuen raumordnerischen Instruments zunächst auch ohne Umweltgesetzbuch erzielbar.

2.3 Beitrag der Raumordnung zur Steuerung von Sanierungs- und Entwicklungsprozessen

Im traditionellen Verständnis ist die Raumplanung, damit sind sowohl die überörtliche Raumordnung als auch die örtliche Bauleitplanung angesprochen, zunächst einmal darauf ausgerichtet, *problematische Situationen zu vermeiden*. Raumplanung ist geradezu dadurch charakterisiert, vorausschauend potenzielle Konflikte zwischen verschiedenen Formen der Raumnutzung zu erkennen, ihren Charakter zu analysieren und durch entsprechende Ausweisungen (etwa von Vorrang- und Vorbehaltsgebieten) Konfliktbewältigung „auf Vorrat" zu betreiben. In diesem Sinne ist die Lösung bereits eingetretener Probleme durch andere Handlungsformen der Öffentlichen Hand (etwa ordnungsbehördliche Maßnahmen im Sinne der Gefahrenabwehr) zu gewährleisten. Dieses Verständnis findet seinen Ausdruck auch darin, dass über viele Jahrzehnte sowohl im Recht der Bauleitplanung als auch der Raumordnung Sanierungs- oder Entwicklungsaufgaben bzw. entsprechende Instrumente nicht vorgesehen waren.

Über diese recht enge Interpretation von Raumordnung hinaus wurden auch schon aus einem klassischen Verständnis von Raumordnung heraus weitergehende Vorgehensweisen und Instrumente entwickelt. Denn mit der Definition und planerischen Ausweisung bestimmter raumstruktureller Kategorien (z. B. „strukturschwache ländliche Räume") wird weniger eine vorausschauende Konfliktbewältigung (wie z. B. mit der Ausweisung von Vorranggebieten und -standorten) geleistet, sondern ein *problematisches Gebiet* bezeichnet und damit zugleich auch ein *Rahmen* für weitergehende staatliche Handlungsansätze *gesetzt*. So wird etwa in den textlichen Festsetzungen bzw. Erläuterungen zu entsprechenden „Raumkategorien" in Raumordnungsplänen eine besondere Förderungsbedürftigkeit dieser Gebiete, die vorrangige Berücksichtigung bei Aktivitäten der Fachressorts, die Notwendigkeit eines koordinierten Einsatzes von staatlichen Instrumenten usw. gefordert. Charakteristisch für den traditionellen Ansatz der Raumordnung ist dabei allerdings, dass die Realisierung dieser Absichten, eine Kontrolle der erfolgreichen Umsetzung usw. nicht mehr zum Handlungsbereich der Raumordnung gehören. Sie muss sich nach diesem Verständnis vielmehr darauf verlassen, dass staatliche Fachplanungen und Förderpolitiken, aber auch kommunale Aktivitäten diese Rahmensetzung beachten und im Rahmen ihrer eigenen Gestaltungsspielräume ausfüllen. Weitergehende, gar direktive Instrumente zur Realisierung bzw. Erzwingung raumordnungskonformen Handelns gibt es dabei kaum (vgl. dazu auch Kap. 3.3). Daher wurde und wird nicht zu Unrecht von einem *„Umsetzungsdefizit"* der Raumordnung gesprochen.

Man kann also festhalten, dass im klassischen Verständnis der Raumordnung eine aktive Beteiligung bei Entwicklungsmaßnahmen oder Sanierungsansätzen zur Lösung komplexer räumlicher Problemsituationen nicht oder nur bedingt vorgesehen ist. Der Vollständigkeit halber ist an dieser Stelle aber zu erwähnen, dass in einer kurzen Phase der Planungsgeschichte in der BRD durchaus ein weitergehender Ansatz vertreten wurde. Die sog. integrierte Entwicklungsplanung, ein vor allem Ende der 60er und Anfang der 70er Jahre hoch im Kurs stehendes Planungsinstrument, beabsichtigte eine umfassende Integration und Koordination der verschiedenen staatlichen Handlungsbereiche, insbesondere der finanzwirksamen Aktivitäten, gerade auch in räumlicher und zeitlicher Hinsicht (vgl. dazu z. B. Waterkamp 1978). Dieses Planungsverständnis hat sich allerdings weniger aus der Raumordnung entwickelt, sondern ist eine Ausdrucksform des interventionistischen Wohlfahrtsstaates, der gesellschaftliche Problemlagen durch umfassendes staatliches Handeln zu vermeiden, abzufedern bzw. zu lösen versuchte. Auch wenn dieser Ansatz nicht primär auf räumliche Problemlagen ausgerichtet war, so ließ er sich doch gut auf politisch besonders bedeutsame Problemräume anwenden (vgl. z. B. das Entwicklungsprogramm Ruhr (1968) der nordrhein-westfälischen Landesregierung zur Bewältigung der damals immer deutlicher werdenden Strukturprobleme des Ruhrgebiets). Zwar wird diese Form der politischen Planung gewissen planerischen „Allmachtsphantasien" gerecht (vgl. dazu z. B. Selle 1994, 16, 29 ff., 38 ff.) und deshalb auch episodisch zitiert, insgesamt aber ist ihr weitgehendes Scheitern festzustellen. Die Gründe dafür waren vielfältig: Ein derartiger Ansatz umfassenden staatlichen Handelns lässt sich in einer privatkapitalistisch geprägten Gesellschaft nicht realisieren, weil die Entscheidungen von Haushalten, Unternehmen und gesellschaftlichen Gruppen weder vorhergesagt noch direktiv bestimmt werden können. Zudem widersprechen langfristige Festlegungen dem Gestaltungsanspruch der in Legislaturperioden denkenden Parlamente. Auch nimmt dieser Ansatz schnell die Form einer unspezifisch handelnden und sich verselbstständigenden Sozialtechnologie an. Außerdem sind die spezifischen Problem- und Interessenlagen in einer funktional ausdifferenzierten Gesellschaft nicht durch eine allumfassende integrative und zentralistische staatliche Planung „einzufangen". In diesem Sinne kommt es darauf an, jede gedankliche Verwechslung von Entwicklungsplanung mit einem entwicklungsorientierten Verständnis von Raumordnung zu vermeiden.

In der 2. Hälfte der 70er und in den 80er Jahren dominierte in der Bundesrepublik wieder stärker das klassische Verständnis von Raumordnung, das sich inzwischen auch im Hinblick auf eine stärkere ökologische Orientierung und eine Verfeinerung des Instrumentariums der Festlegung von „Raumkategorien", der Ausweisung von Gebieten mit vorrangigen Nutzungen usw. weiterentwickelt hatte. Das änderte allerdings nichts an der grundsätzlichen Umsetzungsschwäche der Raumordnung.

Vor dem Hintergrund wachsender grundsätzlicher Kritik, die durchaus langfristig zu einer ernsthaften Bedrohung ihrer Existenz führen könnte, und angesichts der veränderten Rahmenbedingungen und Herausforderungen, die sich in starker Verkürzung auf das Schlagwort einer stärkeren Orientierung an der Leistungs- und Wettbewerbsfähigkeit von Regionen bringen lassen, kam es zu einer intensiven Auseinandersetzung mit der grundsätzlichen Frage, inwieweit die Raumordnung über ihre „raumordnenden" Möglichkeiten hinaus auch aktiv zur Entwicklung von Räumen beitragen kann. Dabei wurde deutlich, dass auf die Entwicklung von Räumen orientierte Instrumente wie z. B. Regionale Entwicklungskonzepte, Städtenetze bzw. Städteverbünde usw. nicht nur ausschließlich von der Raumordnung eingesetzt werden können, dass diese aber dafür recht gute Voraussetzungen – gerade auch im Vergleich mit den an der Raumentwicklung beteiligten Fachplanungen und Fachpolitiken – aufzuweisen haben (vgl. z. B. Danielzyk, Priebs 1999; Müller, Beyer 1999 sowie ARL 1999). Die umfassende Raumkenntnis, die vom Grundverständnis her querschnittsorientierte und integrative Perspektive, die umfangreichen Erfahrungen mit der Praktizierung des Gegenstromprinzips sowie die grundsätzliche Neutralität der Raumordnung prädestinieren sie geradezu für die Initiierung und Moderation der Erarbeitung von Konzepten zur Raumentwicklung und z. T. auch für die Organisation von deren Umsetzung. Dabei soll aber nicht verschwiegen werden, dass es auch Faktoren gibt, die die Übernahme dieser Rolle erschweren: so z. B. unzureichende Qualifikation und Erfahrungen des Personals, ungeeignete Organisationsformen der Planungsstellen, vielfach geringer politischer Stellenwert, geringer Einfluss auf das finanzwirksame Handeln der Öffentlichen Hand (vgl. insbesondere dazu Kap. 3.4). Das Für und Wider einer Eignung der Raumordnung für die skizzierte Rolle kann an dieser Stelle allerdings nicht umfassend abgewogen werden (vgl. dazu z. B. Fürst 1993, Priebs 1998, Ritter 1998).

Im Sinne einer kleinen Zwischenbilanz kann zunächst einmal festgehalten werden, dass die Raumordnung nicht nur im Rahmen ihrer Ordnungsfunktion vorausschauend zur Vermeidung von Konflikten, sondern (als „Raumentwicklungspolitik") auch zur Entwicklung von Räumen mit komplexen teilräumlichen Problemlagen maßgeblich beitragen kann. Obgleich sie also prinzipiell bemerkenswerte Potenziale in beiden Hinsichten (Ordnung und Entwicklung) aufweist, sollten die o. g. Faktoren, die eine aktive Rolle bei der Raumentwicklung erschweren, nicht außer Acht gelassen werden, da sie auch in konkreten Handlungssituationen immer wieder einschränkend wirken und Probleme verursachen können.

Dieses erweiterte Verständnis der Raumordnung – das bisweilen mit Schlagworten wie „von der Regionalplanung zum Regionalmanagement" (Fürst 1993), „von der Regionalplanung zur Regionalentwicklung" (Müller 1999), „von der Landesplanung zur Landesentwicklung" (Benedict 2000) oder „von der Raumordnung zur Raumentwicklungspolitik" gekennzeichnet wird – hat in den 90er Jahren zunächst vor allem in programmatischen Dokumenten der Bundesraumordnung seinen Niederschlag gefunden. Die Notwendigkeit einer Ergänzung des bisherigen Verständnisses von Raumordnung wurde dabei vor allem im Raumordnungspolitischen Orientierungsrahmen (BMBau 1993) und im Raumordnungspolitischen Handlungsrahmen (BMBau 1995) formuliert. Im Orientierungsrahmen wird dabei ausdrücklich gefordert, dass „die formalisierte Regionalplanung durch regionale Initiativen und regionale Aktionsprogramme auf breiter Front zu ergänzen" sei (BMBau 1993, 22). Bei diesen informellen und dezentralen Vorgehensweisen seien, etwa in Form von Regionalkonferenzen, Öffentlichkeit, Wirtschaft und Gewerkschaften stärker einzubeziehen. Außerdem wird im Orientierungsrahmen im Zusammenhang mit den Ausführungen zum Leitbild „Umwelt und Raumnutzung" ausdrücklich darauf hingewiesen, dass neben der Erhaltung und Sicherung der gegebenen Umweltqualität im Sinne des oben skizzierten klassischen Verständnisses eine weitere „raumordnungspolitische Aufgabe (ist), die Umweltqualität zu verbessern", um „gerade in den neuen Ländern regionale Entwicklungschancen zu erhöhen" (BMBau 1993, 12).

Diese grundlegenden Überlegungen werden im Handlungsrahmen fortentwickelt. Im ersten der 10 Schwerpunkte (vgl. BMBau 1995, 5 ff.) wird ausdrücklich die Region als Umsetzungsebene raumordnerischer Aktivitäten besonders hervorgehoben und die Weiterentwicklung der Raumordnung zu einer offenen, auf Handlungsschwerpunkte konzentrierten, vielfach eher informell agierenden Planung gefordert. Dabei käme vor allem der Regionalplanung eine Moderatorenaufgabe zu. Eine besondere Rolle spielten dabei integrierte überfachliche Regionale Entwicklungskonzepte, die Stärken und Schwächen einer Region aufzeigen, Entwicklungsstrategien formulieren, Maßnahmeprioritäten begründen und Finanzierungsmöglichkeiten darlegen sollten. Im achten Schwerpunkt (BMBau 1995, 33 ff.: „Nachhaltige Sicherung und Entwicklung der natürlichen Lebensgrundlagen") werden als herausgehobene raumordnungspolitische Zielsetzung „Handlungsvorschläge für die Sanierung und Umstrukturierung umweltbelasteter Regionen" gefordert, wobei „besonders in den neuen Ländern die durch Bergbau und ehemalige militärische Nutzung entstandenen Probleme einer vordringlichen Lösung" bedürfen würden. In Korrespondenz zu den Überlegungen zu Regionalen Entwicklungskonzepten im ersten Schwerpunkt wird auch hier betont, dass sektorale Umweltschutzmaßnahmen nicht entscheidend weiterhelfen würden, vielmehr komme es auf „integrierte Sanierungskonzepte" an. Des Weiteren wird gefordert, dass die Raumordnung durch ein neues Instrument („Sanierungsraum für ....") einen stärkeren Einfluss auf die Beseitigung der Ursachen und die Restrukturierung dieser Gebiete erhalten solle. In diesem Zusammenhang wird immer wieder die Dringlichkeit der Revitalisierung der Bergbaufolgelandschaften, insbesondere in Ostdeutschland, betont (BMBau 1995, 34).

Eine rechtliche Würdigung hat das erneuerte Verständnis der Raumordnung bei der Novellierung des Raumordnungsgesetzes (ROG) 1998 gefunden. Der neue § 13 ROG definiert ausdrücklich auch über die Planerstellung hinausgehende umsetzungsorientierte Aktivitäten, wie z. B. die Erarbeitung von Regionalen Entwicklungskonzepten, als Teile des Handlungsauftrages der Raumordnung. Darüber hinaus wird in § 7 Abs. 2 Nr. 2c ROG – allerdings in einem anderen gedanklichen Kontext – das Instrument „Sanierungs- und Entwicklungsgebiet" rechtlich verankert (vgl. 2.2.1).

Zur operativen Umsetzung des erweiterten Verständnisses der Raumordnung und insbesondere der im Raumordnungspolitischen Handlungsrahmen formulierten Anliegen wurde Mitte der 90er Jahre in Anknüpfung an die positiven Erfahrungen des „Experimentellen Wohnungs- und Städtebaus" das raumordnerische Aktionsprogramm „Modellvorhaben der Raumordnung (MORO)" eingerichtet (vgl. dazu Gatzweiler, Runkel 1997). Dadurch sollen „konkrete Modellvorhaben zur Erprobung neuer raumordnerischer Instrumente und Handlungsansätze sowie problembezogene Regionale Entwicklungskonzepte in Siedlungsräumen" initiiert werden, in denen besonderer Handlungsbedarf gesehen wird. In dem Zusammenhang wird sogar die These gewagt, „dass eine Vielzahl von simultan angelegten Projekten am Ende ein Gesamtkonzept, d. h. ‚Raumentwicklungspolitik' ausmachen kann" (Gatzweiler, Runkel 1997, 148), wobei ausdrücklich auf die Erfahrungen der Internationalen Bauausstellung Emscher Park hingewiesen wird. Diese These kann an dieser Stelle nicht vertieft diskutiert werden. Sie erscheint in dieser zugespitzten Form allerdings nicht unproblematisch, da damit letztlich auch die Funktion von Raumordnungsplänen infrage gestellt werden kann. Die aktuelle planungstheoretische Diskussion betont demgegenüber vielmehr, dass es nicht um eine kontrastierende Gegenüberstellung oder gar Frontstellung zwischen klassischer Raumordnung und einem projektorientierten, auf Umsetzung ausgerichteten Planungsverständnis gehen kann. Vielmehr scheint eine angemessene Verknüpfung von klassischen, planorientierten und neueren, projekt- und prozessorientierten Ansätzen sinnvoll zu sein (vgl. z. B. Fürst 1996, Priebs 1998).

Das Aktionsprogramm „Modellvorhaben der Raumordnung" hat sechs thematische Schwerpunkte (Gatzweiler 1999). Neben Städtenetzen, Regionalkonferenzen, dem Wettbewerb „Regionen der Zukunft" sowie Projekten zum vorbeugenden Hochwasserschutz und transnationalen Modellvorhaben im Kontext der raumordnerischen Zusammenarbeit in der Europäischen Union wird die „Sanierung und Umstrukturierung umweltbelasteter Regionen" als eigenständiger Schwerpunkt benannt. Zur genaueren Ausarbeitung der Anforderungen an diesen Schwerpunkt hatte die MKRO eine Ad-hoc-AG „Raumordnerische Instrumente des Freiraumschutzes" beauftragt, Handlungsvorschläge zu erarbeiten (vgl. dazu umfassend Kampe 1997, sowie 1.3 und 3.1). In diesem Schwerpunkt werden derzeit drei Modellvorhaben durchgeführt: zwei Projekte in Bergbaufolgelandschaften (Okertal/Harz und Johanngeorgenstadt/Erzgebirge) sowie eines zu der Bewältigung der Folgen extrem intensiver Landwirtschaft (Raum Vechta-Cloppenburg in Niedersachsen). Aus den Ergebnissen und Erfahrungen der Projekte sollen Hinweise zur Ausgestaltung eines neuen raumordnerischen Instrumentariums unter der Bezeichnung „Sanierungs- und Entwicklungsgebiet" gewonnen werden. Dabei geht es neben der grundsätzlichen Frage, welchen Beitrag die Raumordnung zur Lösung von Problemen in stark umweltbeeinträchtigten Regionen leisten kann, auch um rechtliche, inhaltlich-methodische sowie organisatorische Fragestellungen beim Einsatz dieses neuen raumordnerischen Instruments.

Zusammenfassend ist festzustellen, dass das hier dokumentierte Modellvorhaben „Sanierungs- und Entwicklungsgebiet Uranbergbau" verschiedenste Akzente der aktuellen raumordnungspolitischen Programmatik, wie sie z. B. im Raumordnungspolitischen Orientierungsrahmen und im Raumordnungspolitischen Handlungsrahmen formuliert werden, aufnimmt. In diesem Sinne ist die doppelte Zielrichtung des Instrumentes bzw. des Modellvorhabens zu betonen: Zum einen geht es um die Bewältigung von Umweltschäden (als Sanierungsaufgabe), zum anderen um einen gewissen Ausgleich komparativer Standortnachteile im „Wettbewerb der Regionen" durch spezifische Entwicklungsmaßnahmen.

Es wird im Folgenden zu erörtern sein, ob das Instrument „Sanierungs- und Entwicklungsgebiet" für die skizzierten Zwecke geeignet ist bzw. wie es konkret ausgestaltet werden muss, um wirksam sein zu können. Dass hier erheblicher Bedarf besteht, Erkenntnisse und Erfahrungen zu sammeln, zeigt die durchaus geteilte Meinung der Länder zu diesem spezifischen Anliegen des Raumordnungspolitischen Handlungsrahmens bzw. des Diskussionspapiers der MKRO-ad-hoc-AG. Die Fragen nach der Notwendigkeit bzw. der Realisierungsmöglichkeit dieses neuen raumordnerischen Instruments werden letztlich erst bei einer vergleichenden Betrachtung der Erfahrungen aus den drei Modellvorhaben fundiert zu beantworten sein. Das Modellvorhaben „Sanierungs- und Entwicklungsgebiet Uranbergbau" im zentralen Erzgebirge um Johanngeorgenstadt kann dabei nicht zuletzt auch Erfahrungen mit den besonderen Problemsituationen in ostdeutschen Regionen einbringen.

3 Problembewältigung in umweltbelasteten Räumen mittels neuer raumordnerischer Instrumente – theoretische Diskussion des Ansatzes

Die theoretische Diskussion des Ansatzes knüpft an die raumordnungspolitischen und rechtlichen Intentionen an, die mit dem Instrument „Sanierungs- und Entwicklungsgebiet" bereits verbunden werden. Ausgehend von den zur Verfügung stehenden Quellen werden SEG zunächst ins Instrumentarium der deutschen Raumordnung eingeordnet und – im Interesse der Abgrenzung gegenüber anderen Ansätzen – mit Regionalen Entwicklungskonzepten verglichen (3.1). Das dabei ins Blickfeld rückende Verhältnis von horizontaler und vertikaler Kooperation in Aktionsräumen wird anschließend näher beleuchtet. Die Aufgaben der Landes- und Regionalplanung bei der Festlegung und Umsetzung von SEG werden herausgearbeitet (3.2). Die sich daraus ergebende schwierige Aufgabe der Koordinierung der Fachplanungen und der kommunalen Planungen durch die Raumordnung ist Gegenstand des darauffolgenden Abschnitts (3.3). Abschließend werden die für das Instrument konzipierten Finanzierungsansätze im Hinblick auf ihre Leistungsfähigkeit und Rolle im Umsetzungsprozess beurteilt (3.4).

3.1 Sanierungs- und Entwicklungsgebiet als neues raumordnerisches Instrument

Für die fachliche Diskussion des neuen Instruments stehen, sieht man von den rechtlichen Regelungen im Raumordnungsgesetz und einigen Landesplanungsgesetzen ab (vgl. 2.2.1), drei Quellen zur Verfügung: Der Diskussionsentwurf der MKRO-ad-hoc-AG „Raumordnerisches Instrument des Freiraumschutzes" von 1996, die Empfehlungen des Bundesamtes für Bauwesen und Raumordnung zur Ausge-staltung des Instruments (Kampe 1997) und die Raumordnungspläne in Sachsen (Landesentwicklungsplan, Regionalpläne). Zunächst werden jene Anforderungen beschrieben, die dem neuen raumordnerischen Instrument Sanierungs- und Entwicklungsgebiete „in die Wiege gelegt" wurden. Daran anknüpfend wird das Instrument inhaltlich charakterisiert und mit Regionalen Entwicklungskonzepten verglichen. Schließlich werden seine wichtigsten Merkmale benannt.

Nach der ursprünglichen **Intention der MKRO-ad-hoc-AG** (umfassend siehe 1.3) sollen Sanierungs- und Entwicklungsgebiete dazu dienen, „bestehende Umweltbelastungen zu beseitigen, die Funktionsfähigkeit des Naturhaushaltes und der natürlichen Lebensgrundlagen wiederherzustellen und möglichst rasch und wirksam Ausgangsbedingungen für eine nachhaltige räumliche Entwicklung zu schaffen". SEG werden in diesem Sinne als „umweltbezogenes Entwicklungsinstrument der Raumplanung von regionaler, landesweiter, nationaler und auch europäischer Dimension für die Einleitung nachhaltiger Raumentwicklung" charakterisiert (MKRO 1996). Während diese Zweckbestimmung durch eine Reihe von Teilzielen untersetzt wird, gibt es seitens der AG nur wenige rahmensetzende Aussagen zur inhaltlichen Ausgestaltung des Instruments:

- Die Definition von SEG als „Aktionsräume auf Zeit" führt zur unbestimmten zeitlichen Befristung des Implementierungszeitraums. Mit der Befristung wird letztlich unterstellt, dass die besondere Aufmerksamkeit für die betreffenden Gebiete nur so lange aufrechterhalten werden soll, bis die Handlungsfähigkeit der Region wieder hergestellt ist.

- SEG werden als spezifisches Instrument der Regional- und Landesplanung bestimmt, sodass die Umsetzungsebenen klar benannt sind. Neben Fachplanungen und Gebietskörperschaften wird die Bestimmung weiterer Akteure mit dem Hinweis auf „zusätzliche Aktionsebenen und Institutionen" offen gelassen. Für die Ausgestaltung des Instruments in Bezug auf das Akteursspektrum verbleiben somit beträchtliche Spielräume.

- Eine klare Forderung ist die Ausweisung von SEG in Raumordnungsplänen und -programmen. Auch Sonderpläne als Teilpläne werden als möglich erachtet. Es sollen Sanierungs- und Entwicklungsziele als Ziele der Raumordnung verbindlich fixiert werden. Um diesem Status zu genügen, müssen SEG räumlich und sachlich bestimmt werden. Die Träger der Landes- und Regionalplanung müssen Sanierungs- und Entwicklungsziele gegenüber anderen Festlegungen in den Raumordnungsplänen abwägen (§ 3 Nr. 2 ROG).

- Abweichend davon wird auch auf die Möglichkeit hingewiesen, im Raumordnungsplan/-programm über textliche Ziele lediglich einen Handlungsauftrag zur Erarbeitung eines Sanierungs- und Entwicklungskonzeptes zu erteilen und die weitere Vorgehensweise festzulegen. Diese Variante könnte als Hinweis auf informelle Instrumente in der Art regionaler Entwicklungskonzepte (REK) mit besonderer Zielsetzung verstanden werden. Sie wird aber von der MKRO nicht näher ausgeführt.

- Für die Anwendung des Instruments wird eine „situationsangepasste einzelfallbezogene und flexible Vorgehensweise" angeregt. Bei der Umsetzung der Ziele in SEG werden weitergehende maßnahmenbezogene Konzepte, Handlungsanreize und konkrete politische und rechtliche Bindungen als notwendig angesehen (MKRO 1996), ein Konzept für die Umsetzung des Instruments ist aber nicht vorgegeben. Lediglich zur Finanzierung von Sanierungs- und Entwicklungsmaßnahmen gibt es Anregungen, die von der Bildung eines eigenständigen Raumordnungsfonds über die Bündelung fachlicher Förderprogramme bis hin zur Modifizierung und Neuentwicklung von Förderprogrammen reichen (vgl. 3.4). In diesem Sinne sind die Vorgaben zur Umsetzung von SEG eher unbestimmt.

Dem Bedarf nach der „endgültigen Ausgestaltung des Instruments", ist mithilfe der drei **Modellvorhaben**, zu denen das Sanierungs- und Entwicklungsgebiet Uranbergbau gehört, entsprochen worden (Kampe 1997, 186). Mit der Aufnahme in das von der Bundesregierung initiierte und vom Bundesamt für Bauwesen und Raumordnung fachlich betreute raumordnerische Programm „Modellvorhaben der Raumordnung" erfolgte eine Vorprägung zur Art und Weise der Ausgestaltung, da dieses Modellprogramm selbst eine Reihe von Rahmenzielen verfolgt. Im Kern geht es um die Erprobung neuer regionaler Kooperationsformen mit dem Ziel, die Region als räumliche Handlungsebene zu stärken. In diesem Sinne sei „in der Region ... mit den dortigen Akteuren gemeinsam zu klären, welche Bedeutung das Leitbild nachhaltige Entwicklung für sie jeweils hat und wo es Ansatzpunkte für gemeinsames Handeln gibt" (Gatzweiler 1999, 174). Insofern fällt die Umsetzung des neuen raumordnerischen Instruments Sanierungs- und Entwicklungsgebiete in den Bereich der handlungs-, prozess- und akteursorientierten Raumentwicklung.

Bei der Vorbereitung der Fallstudien erfuhr der MKRO-Vorschlag für SEG deshalb eine inhaltliche Ergänzung: Es wurde unterstellt, dass für die Erarbeitung von Handlungsoptionen und Maßnahmen „eine intensive Moderation zwischen regionalen Entscheidungsträgern (Promotoren), Interessengruppen, Experten und der übergeordneten Administration erforderlich ist." Diese Überlegungen haben seinerzeit zu dem Schluss geführt, dass im Mittelpunkt der Umsetzungsstrategie „das Regionalmanagement stehen wird" (Kampe 1997, 186/187).

Da die Regelung im Landesentwicklungsplan Sachsen vor der Konzipierung von SEG durch die MKRO sowie das Bundesamt für Bauwesen und Raumordnung und unabhängig davon erfolgte, ist es nicht überraschend, dass die sächsische Variante einer eigenen Intention folgt. Im **Landesentwicklungsplan Sachsen** werden im Kapitel „Überfachliche Grundsätze und Ziele der Raumordnung und Landesplanung" unter anderem „Gebiete mit besonderen Entwicklungs-, Sanierungs- und Förderaufgaben" definiert. Es handelt sich dabei um „Gebiete, in denen aufgrund ihrer Lage im Raum, ihrer großflächigen umwelt- und bergbaubedingten Belastungen die Lebensbedingungen oder die Entwicklungsvoraussetzungen in ihrer Gesamtheit im Verhältnis zum Landesdurchschnitt zurückgeblieben sind oder ein solches zu befürchten ist (LEP 1994, Z-30). Drei Problemtypen werden in diesem Sinne in Text und Karte ausgewiesen:

– die grenznahen Gebiete an der EU-Außengrenze,

– die Problemgebiete Bergbaufolgelandschaften,

– die Waldschadensgebiete.

Darüber hinaus werden die Bergbaufolgelandschaften noch in Braunkohle, Steinkohle, Erzbergbau und Uranbergbau untergliedert. Die betreffenden Gebiete sind in der Karte 5 des LEP Sachsen dargestellt. Obwohl sich im Gebiet zwischen Schwarzenberg, Eibenstock und Oberwiesenthal in Südwestsachsen mehrere Problemtypen im Sinne der Definition der sächsischen Landesplanung räumlich überlagern – ein wichtiges Kriterium für SEG auch im Sinne des MKRO-Diskussionsentwurfs – wird der Aktionsraum des Sanierungs- und Entwicklungsgebiets durch die Gebietskulisse Uranbergbau definiert. Damit ist eine klare Priorität bei der Abgrenzung des Sanierungs- und Entwicklungsgebiets gesetzt worden. Im Regionalplan Südwestsachsen werden die Inhalte des LEP auftragsgemäß „räumlich und sachlich ausgeformt" (§ 6 Abs. 1 SächsLPlG).

Anknüpfend an diese drei Quellen ist eine Reihe von Interpretationen zum Charakter von Sanierungs- und Entwicklungsgebieten möglich. Von grundlegender Bedeutung ist zunächst die Frage, welche Wirkungen mit dem neuen raumordnerischen Instrument erzielt werden sollen[4]. Aus den Anregungen der Ministerkonferenz für Raumordnung lässt sich schlussfolgern, dass es sich um ein „Instrument der Raumorganisation" (Brösse 1995, 507) handelt. Dafür spricht die Ausweisung von SEG in Raumordnungsplänen und -programmen, die sowohl von der MKRO vorgeschlagen als auch im ROG sowie in einigen Landesplanungsgesetzen umgesetzt wurde. Auch die Aufforderung der MKRO-ad-hoc-AG zur Fixierung von Sanierungs- und Entwicklungszielen im Sinne von Zielen der Raumordnung belegt die Intention, SEG als Ordnungsinstrument zu verstehen. Sie wird u. a. im Landesentwicklungsplan Sachsen und im Regionalplan Südwestsachsen umgesetzt.

Hinweise zur Umsetzung finden sich vorwiegend in den Empfehlungen des Bundesamtes für Bauwesen und Raumordnung (Kampe 1997). Indem ein kommunikativer und kooperativer Ansatz verfolgt werden soll, der moderiert und durch ein übergreifendes Regionalmanagement gesteuert wird, sind SEG als „Instrument des Verhandelns" und „freiwilliger Übereinkünfte" zu verstehen (Brösse 1995, 508).

Demzufolge soll das neue raumordnerische Instrument SEG eine Mehrfachfunktion ausüben: Erstens im Sinne klassischer Ordnungsinstrumente der Raumplanung, zweitens als informelles Planungsinstrument mit der Methodik eines modernen Regionalmanagements und drittens schließlich auch als fiskalisches Anreizinstrument. Der a priori unterstellte Neuigkeitswert des Instruments liegt zum einen also in der Hinwendung der Raumordnung zur komplexen Sanierung von Umweltschäden und zum anderen in der Zusammenführung von Ordnungs-, Entwicklungs- und Anreizfunktionen in einem Instrument. Dadurch haben SEG eine Hybridstruktur (Abb. 4). Die Debatte um die Notwendigkeit und Ausgestaltung des zu testenden Instruments darf sich deshalb nicht nur auf einzelne Elemente und deren Innovationswert beziehen. Vielmehr ist eine Auseinandersetzung gefordert, die die Komplexität des Instruments insgesamt und

---

4 Vgl. hierzu die Typisierung raumordnerischer Instrumente bzgl. der Wirkung auf die Adressaten nach Brösse 1995.

dessen Stellung sowohl im Planungs- als auch im Entwicklungsprozess berücksichtigt.

Als Ordnungsinstrument haben Sanierungs- und Entwicklungsgebiete in der Intention der Ad-hoc-AG den Charakter von „Gebietskategorien", also „nach bestimmten Kriterien abgegrenzte Gebiete, in denen gleichartige Strukturen bestehen bzw. gleichartige Ziele verfolgt werden sollen" (Raumordnungsbericht 1991, 170). Bei genauerer Bestimmung gehören SEG zur Gruppe der strukturellen oder qualitativen Gebietskategorien und ähneln damit klassischen Gebietstypen wie ländlicher Raum oder Verdichtungsraum. Während diese allerdings nach „gestalthaften Kriterien der Siedlungsdichte" bestimmt werden, erfolgt die Ausweisung von SEG problemorientiert (vgl. Gruber 1995, 358). Zwar trägt die Ausweisung von SEG im Sinne einer Gebietskategorie zunächst zur Problemveranschaulichung bei, die zu erwartenden Wirkungen wären aber zweifellos schwach, da allein durch die Tatsache, dass die Ziele für SEG von öffentlichen Planungsträgern und der kommunalen Bauleitplanung zu beachten sind, keine Problemlösung in Aussicht gestellt werden kann. Eine besondere Art und Weise der Durchführung von Maßnahmen in SEG ist vom Gesetzgeber auch nicht vorgegeben.

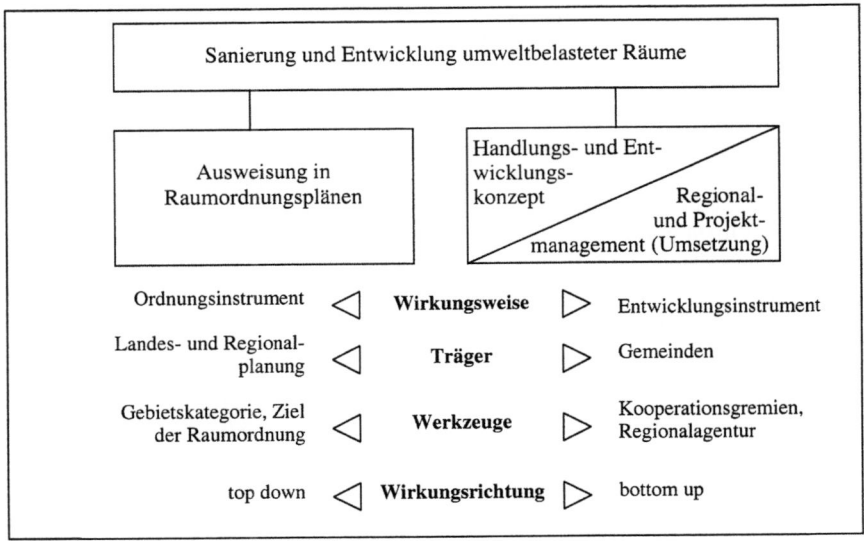

Abb. 4: Grundlegende Aspekte der Ausgestaltung des neuen raumplanerischen Instruments Sanierungs- und Entwicklungsgebiet (IÖR 2000)

Für die Umsetzung der Ziele in förmlich festgesetzten Sanierungs- und Entwicklungsgebieten (vgl. auch Abb. 4) läge es zunächst nahe, dem Muster der regionalen Entwicklungskonzepte (REK) zu folgen. Im § 13 ROG wird ein deutlicher Hinweis auf die Möglichkeiten zur Verwirklichung der Raumordnungspläne gegeben, indem auf die Erarbeitung von Regionalen Entwicklungskonzepten für Teilräume verwiesen wird. Da das ROG keine genauere Bestimmung vorgibt, wird hier als REK „ein kommunale Grenzen überschreitendes, rechtlich nicht verbindliches Konzept zur abgestimmten, kooperativen Entwicklung einer Region" verstanden (Danielzyk 1995, 9-14). Zwischen REK und SEG ergeben sich demnach folgende Unterschiede:

- Die Gebietskulisse für Sanierungs- und Entwicklungsgebiete wird vor allem durch das Problem, weniger durch die Akteure bestimmt. Aktionsräume im hier definierten Sinne sind deshalb nicht notwendigerweise „Regionen", weder aufgrund ihrer Größe noch aufgrund ihrer internen Verflechtungen. Der Kooperationsraum für ein REK umfasst demgegenüber in der Regel mehrere Landkreise und kreisfreie Städte.

- Dem Staat kommt in SEG eine besondere „Fürsorgepflicht" zu, die zum einen aus der Leitvorstellung zur Schaffung gleichwertiger Lebensverhältnisse in allen Teilräumen gemäß § 1 Abs. 2 Nr. 6 ROG resultiert, zum anderen aber auch aus den in SEG unterstellten Sachzwängen – erhebliche, dauerhafte Umweltbelastungen, erhebliche Entwicklungsprobleme, Verschärfung sozio-ökonomischer Disparitäten (MKRO 1996) – hervorgeht. REK sind dagegen vor allem ein Instrument der Standortentwicklung in einem sich verschärfenden Wettbewerb der Regionen.

- Während SEG nach § 7 Abs. 2 ROG in Raumordnungsplänen ausgewiesen werden, stehen REK „neben der etablierten und rechtlich definierten Hierarchie der Raumordnungspläne". Die Ziele für Sanierungs- und Entwicklungsgebiete sind darüber hinaus durch alle öffentlichen Planungsträger bei raumbedeutsamen Planungen und Maßnahmen als rechtsverbindliche Vorgaben zu beachten. Damit besteht pro forma eine Bindungswirkung für die Fachplanungen und die kommunale Bauleitplanung, die im Rahmen von REK nicht erreicht werden kann.

- Dem Typus nach handelt es sich bei SEG um eine „verordnete" regionale Kooperation, in Sachsen durchaus gängige und erfolgreiche landesplanerische Praxis auch in anderen Zusammenhängen wie Städteverbünden (Müller, Beyer 1999, 221 ff.). Mit der staatlichen Verordnung verbinden sich naturgemäß Einschränkungen oder doch wenigstens Beeinflussungen bei der Wahl der Partner, der Kooperationsthemen, der Organisationsform usw. Demgegenüber gestatten REK den beteiligten Gebietskörperschaften größere Freiheiten.

- Die für SEG von der MKRO-ad-hoc-AG angemahnte Einbeziehung zusätzlicher Aktionsebenen ist umfassender als im REK-Ansatz. In SEG steht die vertikale Kooperation mehrerer Organisationsebenen im Mittelpunkt des Ansatzes, sodass die Kooperation innerhalb des Aktionsraumes notwendige Bedingung ist, während parallel dazu ein überregionales Akteursnetzwerk dem besonderen Handlungsbedarf von SEG Rechnung trägt. Zwar ist auch in REK angestrebt, überregionale Aufmerksamkeit zu erzielen, ein organisatorischer Überbau ist allerdings weder vorgesehen noch scheint er sinnvoll und möglich.

Aus inhaltlich-organisatorischer Sicht gibt es somit eine Reihe von Unterschieden zwischen SEG und REK. Allerdings werden REK in den einzelnen Bundesländern höchst unterschiedlich gehandhabt (Müller 1998, 37/38 und 1999). In Sachsen werden REK und SEG in der Umsetzung weitgehend inhaltsgleich betrachtet, zumal in der methodischen Umsetzung einige Ähnlichkeiten festzustellen sind: Stärken-Schwächen-Analyse, Leitbildentwicklung, Formulierung von Zielen, Benennung von Handlungsfeldern und Projekten bestimmen sowohl bei REK als auch bei SEG den Ablauf. Ungeachtet dessen sind die o. g. Unterschiede nicht von der Hand zu weisen. Sie können deshalb eine Orientierungshilfe bei der Handhabung der beiden Instrumente sein.

Für die Planungspraxis stellt sich über diese normativen Unterschiede hinaus die Frage nach der Größe der Aktionsräume. Diese Diskussion kann zweckmäßigerweise vor dem Hintergrund der bisherigen Verfahrensweise in Sachsen geführt werden: dort sind im Landesentwicklungsplan große „Gebiete mit besonderen Entwicklungs-, Sanierungs- und Förderaufgaben" ausgewiesen. Demgegenüber ist nur ein kleines Gebiet als Aktionsraum „Sanierungs- und Entwicklungsgebiet Uranbergbau" definiert worden. SEG werden in ihrer Ordnungsfunktion also zum gegenwärtigen Zeitpunkt in Sachsen anders verstanden als in ihrer Entwicklungsfunktion. Die Frage ist, ob es sinnvoll wäre, sukzessive alle im LEP Sachsen ausgewiesenen Gebiete als Aktionsräume auszuweisen und dies auch für den Umgang in den anderen Bundesländern zu empfehlen. Dagegen sprechen zwei Gründe:

Erstens würde die großräumige Ausweisung von SEG dem Grundsatz der schwerpunktorientierten Förderung widersprechen. Das angestrebte Ziel der Bündelung von Fördermitteln würde ad absurdum geführt, wenn wie im Falle Sachsen etwa die Hälfte der Landesfläche als Gebiet mit besonderen Entwicklungs-, Sanierungs- und Förderungsaufgaben ausgewiesen ist. Insofern ist die Kleinräumigkeit der Aktionsräume auch eine wichtige Voraussetzung dafür, „möglichst rasch und wirksam Ausgangsbedingungen für eine nachhaltige räumliche Entwicklung zu schaffen" (MKRO 1996). Zweitens stehen für die anderen Förderräume bereits mehrere Instrumente zur Verfügung, die den speziellen Handlungsbedarfen dieser Räume gut angepasst sind. Beispielhaft dafür sind alle grenznahen Gebiete in Sachsen dem INTERREG-Programm der EU zugeordnet. Für die Problemgebiete Braunkohlebergbau steht mit den Braunkohleplänen sowie der Unternehmenssanierung durch die Braunkohleunternehmen und die Lausitzer und Mitteldeutsche Bergbau-Verwaltungsgesellschaft

(LMBV) als Bundesunternehmen sowohl ein Planungs- als auch ein Entwicklungsinstrument zur Verfügung. Auch in Uranbergbaugebieten, in denen die Wismut GmbH Sanierungsträger ist, kann zunächst auf die Ausweisung von SEG verzichtet werden.

Auf der Grundlage der wichtigsten Quellen, die Aussagen zur Gestaltung des neuen raumordnerischen Instruments SEG treffen, lassen sich folgende Schlussfolgerungen ziehen:

1. Im weiteren Sinne können SEG als Oberbegriff für Gebiete verstanden werden, in denen die „Sanierung und Entwicklung von Raumfunktionen" im Sinne des § 7 Abs. 2 Nr. 2c ROG erforderlich ist. Die Ausweisung dieser Gebiete erfolgt in Raumordnungsplänen. In diesem Verständnis sind SEG ein Instrument der Raumorganisation. Für die Entwicklung dieser Räume steht ein Spektrum an Instrumenten zur Verfügung, deren Einsatz vom Gesetzgeber nicht vorgegeben ist. Im engeren Sinne sind SEG als gemeindescharf ausgewiesene überschaubare Gebiete aufzufassen, in denen gravierende Umweltprobleme einer dringenden Lösung bedürfen. Für diese Gebiete reicht die Ausweisung in Raumordnungsplänen nicht aus. Vielmehr sind konzentrierte Entwicklungsimpulse und die Bildung von Aktionsräumen erforderlich. Das bedeutet für einen befristeten Zeitraum besondere Organisationsformen (regionale Kooperation, Moderation), intensive Unterstützung durch das Land und den Einsatz spezieller fiskalischer Instrumente.

2. Da SEG Ordnungs-, Entwicklungs- und Anreizfunktionen vereinen, sind sie als Hybridinstrument mit differenzierter Struktur zu charakterisieren. Einerseits ähneln sie sehr stark klassischen Ordnungsinstrumenten der Raumplanung, andererseits beziehen sie in der Umsetzung kommunikative und kooperative Verfahren ein, die einer modernen akteurs-, prozess- und handlungsorientierten Entwicklungsauffassung Rechnung tragen. Damit wird einerseits eine Brücke zwischen ordnungs- und handlungsorientierten Instrumenten der Raumplanung geschlagen. Andererseits ist nicht auszuschließen, dass die komplizierte Architektur des Instruments bei den regionalen Akteuren auch Verunsicherung auslösen kann.

3. SEG sind thematisch als umweltbezogenes Entwicklungsinstrument der Raumplanung konzipiert. Sie verfolgen einen in gleicher Weise komplexen als auch flexiblen und einzelfallbezogenen Ansatz und stellen dadurch ein neues Element innerhalb des Instrumentariums der Raumordnung dar. Allerdings ist noch nicht endgültig erkennbar, ob die Anforderungen an das Instrument nicht auch durch Modifikation und Verknüpfung bereits vorhandener Instrumente erfüllt werden könnten.

4. Aus der Struktur des neuen Instruments ergibt sich, dass SEG vom Grundsatz her keine Sonderform Regionaler Entwicklungskonzepte sind, obwohl sie in

der Umsetzung Ähnlichkeiten mit Regionalen Entwicklungskonzepten aufweisen. Die Bildung von Aktionsräumen im Sinne von SEG stellt für die Landesentwicklung eine interessante Innovation dar. Es darf allerdings nicht übersehen werden, dass sowohl für die Träger der Landes- als auch der Regionalplanung neue Anforderungen entstehen (vertikale Kooperation, „besondere Fürsorgepflicht"), die sich gegenüber Regionalen Entwicklungskonzepten deutlich unterscheiden.

3.2 Die Organisation regionaler Kooperation in Sanierungs- und Entwicklungsgebieten

Mit der Favorisierung des Regionalmanagementansatzes (Kampe 1997, 187) setzt der Bund bei der Ausgestaltung des Instruments Sanierungs- und Entwicklungsgebiete auf Methoden, wie sie auch und insbesondere für Regionale Entwicklungskonzepte typisch sind und empfohlen werden (vgl. 3.1). „Regionalmanagement bezieht sich auf die Gestaltung regionaler Entwicklungsprozesse auf der Basis von Leitbildern (selbstdefinierten Entwicklungspfaden) und daraus abgeleiteten Aktionsprogrammen." (Fürst 1998, 237) Die Favorisierung dieses Ansatzes ist folgerichtig, da das neue Instrument auf „Kommunikation und Kooperation bei der Erarbeitung von neuen Handlungsoptionen und Maßnahmen" abzielt (Kampe 1997, 186) und somit ein Koordinationsverfahren verlangt, das akteurs- und prozessorientiert ist. Der Regionalmanagementansatz wird dem gerecht, da er sowohl ein dynamisches Konzept als auch ein problembezogenes Vorgehen einschließt (Fürst 1998). Er stellt die Interaktion der Akteure in den Mittelpunkt des Prozesses, während institutionelle Regelungen, wie sie im klassischen Planungsprozess typischerweise existieren, zurücktreten. Die Strukturierung der Kooperationsformen in Experten- und Promotorenrunden mit einer klaren Kompetenzverteilung erscheint auch im Rahmen der Erstellung von Sanierungs- und Entwicklungskonzepten als effektiv.

Die Frage ist allerdings, wie sich der kooperative Ansatz mit dem förmlichen Status von SEG als Ordnungsinstrument der Landes- und Regionalplanung verbinden lässt, der sowohl vonseiten der MKRO als auch vom Raumordnungsgesetz vorgegeben ist und in Sachsen schon in Raumordnungsplänen umgesetzt wurde. Für die Beantwortung dieser Frage können Erfahrungen bei der Gestaltung von Schnittstellen zwischen staatlichen Steuerungsansätzen und kommunaler bzw. interkommunaler Selbstorganisation genutzt werden. In der Sozialforschung ist diese Frage bereits thematisiert und tiefer beleuchtet worden: „Wie greifen die Eigenbewegungen der Kooperation im intermediären Bereich und staatlich definierte Verfahrensregeln ineinander?" (Selle 1997, 53). Ganz offensichtlich sind diesbezüglich spezifische Verfahrensregelungen notwendig, die mit Bezug zum konkreten Fall getroffen werden müssen.

Im Kooperationsverständnis von Selle prägen Markt, politisch-administratives System und die privaten Haushalte mit ihren Aktivitäten die Stadt- und Regionalentwicklung. Zwischen diesen drei Teilsystemen liegt ein Vermittlungsraum, der als intermediärer Bereich bezeichnet wird (Selle 1997, 37). In ihm sei es erforderlich und auch möglich, zwischen verschiedenen Akteuren, Wertsystemen, Alltagswelten und Aktivitäten zu vermitteln. Dieser Prozess wird als Kooperation bezeichnet (Selle 1997, 29). Er ist durch eine Reihe von Merkmalen charakterisiert, die als „gemeinsame Nenner" eines Kooperationsprozesses aufzufassen sind.

Ein Vergleich dieser Merkmale (vgl. Selle 1997, 49 ff.) mit den konkreten Bedingungen in Sanierungs- und Entwicklungsgebieten macht Unterschiede deutlich, die zunächst beschrieben und dann in Bezug auf die Umsetzung von SEG interpretiert werden sollen:

- Ein Schlüsselmerkmal der Kooperation im Selleschen Sinne ist die **Freiwilligkeit der Teilnahme** der einzelnen Akteure. Bei SEG handelt es sich aber um eine staatlich verordnete Kooperation. Zumindest für die beteiligten Gebietskörperschaften ergibt sich praktisch keine Alternative zur Teilnahme am Prozess, wenn diese Teilnahme als Bedingung für die Förderung von Sanierungs- und Entwicklungsmaßnahmen deklariert ist. Es kann deshalb zur notgedrungenen Teilnahme von Akteuren kommen.

- Kooperationsprozesse im intermediären Raum sind **im Ausgang offen** und lassen deshalb verschiedene Entwicklungsmöglichkeiten zu. Das bedeutet auch, dass die anzustrebenden Ziele im Verlauf des Kooperationsprozesses vereinbart werden. In SEG gibt es dagegen einen klaren Handlungsauftrag, der in der Intention der MKRO in Raumordnungsplänen definiert ist. Er lautet, „bestehende Umweltbelastungen zu beseitigen, die Funktionsfähigkeit des Naturhaushaltes und der natürlichen Lebensgrundlagen wiederherzustellen und möglichst rasch und wirksam Ausgangsbedingungen für eine nachhaltige Entwicklung zu schaffen" (MKRO 1996). Insofern besteht die Aufgabe der Akteure in SEG eher darin, den Weg zu vereinbaren, auf dem das vorgegebene Ziel erreicht werden soll. Problematisch kann diese Konstellation werden, wenn die beteiligten Akteure erkennen, dass sie das vorgegebene Ziel nicht erreichen können, weil sie nicht über die Problemlösungskapazität oder über die Akzeptanz bei den Fachplanungen verfügen (vgl. 3.3). Selle unterstellt in diesem Kontext sogar, dass starre Zielvorgaben Verhandlungen, Lernprozesse und damit Weiterentwicklungen in der Kooperation ausschlössen.

- Im Verständnis von Selle sind Kooperationen dadurch gekennzeichnet, dass **Politik und öffentliche Planung nur Akteure unter anderen** sind. Das nach außen abgeschottete politisch-administrative System werde geöffnet, um die Handlungspotenziale vieler Akteure bündeln und freisetzen zu können. In SEG wird dieser Grundsatz zwar nicht außer Kraft gesetzt, bei der vorgegebenen Aufgabenstellung reduziert sich aber der Kreis der relevanten

Akteure. So ist ein starkes Interesse von Privaten wohl zu bezweifeln, wenn die Sanierung von Umweltschäden im Mittelpunkt steht und die Attraktivität des Aktionsraumes gering ist. Insofern muss davon ausgegangen werden, dass in SEG neben den Bürgermeistern der beteiligten Gemeinden und der Regionalplanung eher die traditionellen regionalen Akteure (Kammern, Verbände, Behörden) als Partner zur Verfügung stehen, zumindest am Beginn der Kooperation.

Die genannten Hinweise machen deutlich, dass es sich im Fall der SEG – trotz Übereinstimmung in anderen Merkmalen – nicht um eine idealtypische Kooperation im von Selle beschriebenen intermediären Raum handelt. Das Akteursspektrum der Kooperation ist vielmehr in Richtung der politisch-administrativen Seite verschoben, was bei einer „verordneten" Kooperation (vgl. Müller 1999) generell zu unterstellen ist, zumindest in ihrem Anfangsstadium. Auch dieser Befund spricht dafür, dass der Landes- und Regionalplanung eine besondere Rolle bei der Unterstützung von Sanierungs- und Entwicklungsgebieten zukommt, denn die Festlegung von begrenzenden Rahmenbedingungen auf der einen Seite (Vorgabe des Aktionsraumes, Vorgabe von Zielen, De-facto-Begrenzung des Akteursspektrums) erfordert auf der anderen Seite Kompensationsmechanismen, z. B. die Finanzierung einer externen Moderation oder eines speziellen Fonds der Landesplanung oder das glaubhafte Inaussichtstellen einer Problemlösung, wenn die Teilnahme am Kooperationsprozess für die beteiligten Gemeinden attraktiv sein soll. Dies schließt allerdings nicht aus, dass nach einer erfolgversprechenden Auftaktphase, gegebenenfalls nach der Umsetzung erster Projekte, das Zielspektrum neu definiert und der Akteurskreis erweitert werden können. Ein Zusammenhang zwischen dem Erfolg einer Kooperation und ihrer Stabilität ist ebenso zu unterstellen wie der Zusammenhang zwischen der Zeit und der Qualität ihrer Reifung (Kestermann 1997, 73).

Aber selbst wenn die Kooperation nur auf einzelne Themen reduziert bleibt und das Akteursspektrum eingeschränkt ist, können SEG ein erfolgversprechender Ansatz sein. Denn es ist durchaus typisch, dass kooperative Entwicklungsansätze mit hierarchisch strukturierten Verfahren verwoben sind. Häufig wechseln die Kooperanden nur in Bezug auf ein definiertes Handlungsfeld ihre bisherige Beziehungsform (Kestermann 1997, 73). Als Handlungsfeld kann zweifellos auch die Sanierung von Umweltschäden aufgefasst werden. In diesem Sinne erhielte die Kooperation in SEG den Charakter einer strategischen Allianz in der Intention von Kestermann (1997, 69).

Mit dem Regionalmanagementansatz wird darüber hinaus ein Einstieg in die regionale Kooperation angeboten, der den beteiligten Akteuren zunächst wenig Verpflichtungen auferlegt, sodass im Falle des Scheiterns der Kooperation das Risiko für die Beteiligten gering bleibt und weder finanzieller noch politischer Schaden zu erwarten ist. Die beschriebene Modifizierung des Kooperationsansatzes in SEG hat auf die methodische Umsetzung mithilfe des Regionalmanagements keine direkten Auswirkungen. Die grundlegenden Voraussetzungen für die Etablierung eines regionalen Managements sind auch dann gegeben, wenn es sich um eine „verordnete" Kooperation mit modifizierten Merkmalen gegenüber dem „freien" Ansatz von Selle handelt:

- „die kollektive Selbstorganisation,

- die Kooperation über Projekte aus gemeinsamer Problembetroffenheit,

- die Einbindung der Projekte in eine Konzeption der Regionalentwicklung und

- der zentrale Stellenwert des Interaktionsprozesses, über den Gemeinsamkeiten erkannt und abgewickelt, Vertrauen gebildet sowie Einigung im Handeln konstituiert werden sollen" (vgl. Fürst 1998, 240).

Es ist nach Fürst (1998, 248) sogar als relativ typisch anzusehen, dass Regionalmanagementverfahren von außen angestoßen werden. Allerdings reicht das Regionalmanagement allein nicht aus, um dem komplexen Ansatz des neuen raumplanerischen Instruments SEG gerecht zu werden. Hierfür spricht die spezielle Konstellation des Instruments: In einem befristeten Zeitraum sollen schwerwiegende Umweltprobleme einer Lösung zugeführt werden mit einem vorgegebenen Ziel in interkommunaler Kooperation. Zudem sind Sanierungs- und Entwicklungsgebiete durch eine hohe Komplexität der Problemlage und eine Vielzahl der in entsprechende Kooperationsprozesse involvierten Akteure charakterisiert. Defizite bei der Umsetzung sind in diesem vorgegebenen Handlungsrahmen vorprogrammiert. Sie können u. a. durch widerstreitende Interessenlagen, die institutionell (durch Verbände, Ministerien, Abgeordnete) verstärkt werden, durch emotional bestimmte Entscheidungssituationen, durch institutionelle Eigeninteressen (Fachegoismen) und durch Rechtsnormen ausgelöst werden (vgl. Fürst 1998, 246).

Wenn Sanierungs- und Entwicklungsgebiete die Durchsetzungskraft erhalten sollen, die ihnen zugebilligt wird, kann sich die Landesplanung letztlich nicht darauf verlassen, dass die Kooperation der Akteure vor Ort allein zum Erfolg führt. Eine Erfolgssicherung lässt sich nur durch ein breit gespanntes Netz horizontaler und vertikaler Kooperation erreichen, in dem der Landes- und der Regionalplanung jeweils unterschiedliche Aufgaben zukommen. Vor allem ist es erforderlich, neben den horizontalen Verflechtungen auch eine vertikale „Achse" aufzubauen, in der der Landes- und Regionalplanung wichtige Funktionen zukommen (vgl. auch 5.5).

Die **Landesplanung** hat zunächst Rahmenvorgaben für die Ausweisung von Sanierungs- und Entwicklungsgebieten zu schaffen, andererseits kann sie selbst die aus Landessicht bedeutsamen Gebiete festlegen, in denen Sanierungs- und Entwicklungskonzepte erarbeitet werden sollen. Darüber hinaus wäre es wünschenswert, dass sie eine aktive Rolle bei der Berücksichtigung von regionalen Sanierungs- und Entwicklungskonzepten auf (inter-)ministerieller Ebene übernimmt. Gemeint ist damit die Einflussnahme auf Fachressorts und deren Förderprogramme. Dies könnte im Rahmen geeigneter interministerieller Arbeitsstrukturen erfolgen.

Weiterhin wäre anzustreben, dass sich in den verschiedenen Verwaltungsebenen (Ministerium, Regierungspräsidium, Landratsamt) Ansprechpartner für regionale Initiativen in den Aktionsräumen fänden, die in der jeweiligen Institution eine Koordinierung quer zu den Fachressorts organisieren können. Nur durch effiziente Informationsweitergabe kann letztlich erreicht werden, dass ein neues Instrument der Raumordnung, das in gleicher Weise komplex und fachübergreifend angelegt ist, auch in den Fachressorts wahrgenommen wird, sodass Resonanzen zwischen den Entwicklungszielen in SEG und den Zielen der Fachförderung hergestellt werden können.

Der **Regionalplanung** kommt die Aufgabe zu, die Notwendigkeit zur Erarbeitung von Sanierungs- und Entwicklungskonzepten zu eruieren und entsprechende Räume – aus Sicht der Region – „anzumelden". Der Regionalplanung käme damit zunächst die Rolle eines „Frühwarnsystems" zu, von dem erwartet wird, dass es die Entstehung von Problemräumen rechtzeitig erkennt und die Landesplanung informiert. In Sanierungs- und Entwicklungsgebieten kann sie bei der Initiierung bzw. Ausgestaltung von interkommunalen Kommunikations- und Kooperationsprozessen sowie bei der Initiierung von Umsetzungsmaßnahmen in Erscheinung treten. Ob sie dabei selbst als Akteur tätig werden oder lediglich – im Hintergrund – die Einleitung von entsprechenden Maßnahmen unterstützen sollte (z. B. durch Schaffung einer Regionalagentur), wird gegenwärtig in Fachkreisen heftig diskutiert. Einerseits wird, hier im Zusammenhang mit dem von der bayerischen Landesplanung entwickelten Regionalmanagementkonzept, behauptet, Regionalmanagement sei mit den ursächlichen Aufgaben der Regionalplanung gut vereinbar und Regionalplaner könnten Managementaufgaben problemlos übernehmen (Strunz 1998, 441). Andererseits werden ernüchternde Erfahrungen aus der Praxis mitgeteilt, wonach die Regionalplanung in der Tendenz von zusätzlichen Aufgaben wie Regionalmanagement personell und finanziell überfordert ist (Wiechmann 1999, 46). Insofern hängt es auch von grundsätzlichen landesplanerischen Erwägungen ab, ob die Regionalplanung in Sanierungs- und Entwicklungsgebieten eher als Akteur unter anderen oder z. B. als Moderator in exponierter Position agieren kann.

Ob sich der angestrebte Bedeutungszuwachs der Raumplanung tatsächlich einstellt, wird ursächlich davon abhängen, inwiefern der Landes- und Regionalplanung die Erfüllung der oben dargestellten Aufgaben gelingt. Es ist davon auszugehen, dass sowohl das Selbstverständnis und der Gestaltungswille der Landes- und Regionalplanung als auch die Kooperationsbereitschaft der Fachressorts, die politischen Rahmenbedingungen und die jeweiligen Akteurskonstellationen in den Aktionsräumen Einfluss auf diesen Prozess haben. In keinem Fall ist anzunehmen, dass die Landesplanung die Sanierungs- und Entwicklungsaufgabe an die Akteure des Aktionsraumes mit offenem Ergebnis abgeben kann. Der Einfluss des Landes auf das angestrebte raumplanerische Ziel wäre damit nur noch schwach und der Erfolg des Instruments vage. Insofern ist die Mitwirkung des Landes im Sinne einer „Mentorenschaft", die unter bestimmten Umständen (bei entsprechender personeller und finanzieller Ausstattung) auch an die Regionalplanung delegiert werden könnte, nicht nur sinnvoll, sondern wünschenswert.

3.3 Koordinierung der Fachplanungen und der kommunalen Planungen durch die Raumordnung

Die Raumordnung ist „in der Bundesrepublik sowohl in formeller, rechtlicher als auch in investiver und finanzieller Hinsicht zur Realisierung ihrer Zielsetzungen auf die eigenverantwortliche Mitwirkung der kommunalen sowie der fachlich betroffenen Körperschaften und Aufgabenträger angewiesen" (Ensslin 1999, 247). Daher soll im Folgenden das Verhältnis der Raumordnung sowohl zur kommunalen Planungsebene als auch zu den Fachplanungen knapp skizziert werden, wobei jeweils auch auf die Bedeutung dieser Thematik beim Einsatz des neuen Instruments „Sanierungs- und Entwicklungsgebiet" eingegangen wird.

3.3.1 Raumordnung und kommunale Bauleitplanung

Das entscheidende Gelenkstück zwischen der Raumordnung und der kommunalen Bauleitplanung ist in § 1 Abs. 4 BauGB formuliert, wonach die Bauleitpläne den Zielen der Raumordnung anzupassen sind. Aus diesem Grunde sind die Kommunen verpflichtet, bei der Erarbeitung eines kommunalen Bauleitplanes die Ziele der Raumordnung für das Gemeindegebiet zu beachten, indem sie diese entweder aus den Raumordnungsplänen entnehmen oder sogar – in einigen Bundesländern – zu einer direkten Anfrage bei den Landesplanungsbehörden verpflichtet sind.

Da die Umsetzung der raumordnerischen Ziele insbesondere über die Ebene der für die Regelung der Bodennutzung zuständigen verbindlichen Bauleitplanung erfolgen muss, gibt es verschiedene Verfahren und Instrumente, durch die die Beachtung dieser raumordnerischen Zielsetzungen seitens der Kommunen gesichert werden soll. In diesem Zusammenhang ist insbesondere die Pflicht der Genehmigung kommunaler Flächennutzungspläne durch übergeordnete Behörden zu erwähnen, wobei in dem entsprechenden Prüfverfahren zu untersuchen ist, ob die Erfordernisse der Raumordnung vom kommunalen Flächennutzungsplan angemessen beachtet werden. Darüber hinaus gibt es weitere, erheblich restriktivere (und auch nur selten angewandte) Instrumente wie etwa die Untersagung raumordnungswidriger Planungen und Maßnahmen (§ 12 ROG) sowie das sog. landesplanerische Planungsgebot (in etwa der Hälfte der Länder rechtlich verankert) (vgl. auch Ensslin 1999, Priebs 1998).

Trotz der eindeutig klingenden Anpassungspflicht im § 1 Abs. 4 BauGB und der Möglichkeit des Einsatzes der verschiedenen genannten Instrumente ist das Verhältnis zwischen Bauleitplanung und überörtlicher Raumordnung in der Bundesrepublik spannungsreich. Das liegt insbesondere daran, als hier die im Art. 28 Abs. 2 GG verfassungsrechtlich garantierte kommunale Selbstverwaltungshoheit, die aus historischen Gründen einen besonderen Rang in der Bundesrepublik hat, durch die Setzung von Vorgaben und Rahmenvorstellungen durch die übergeordneten Planungsebenen eingegrenzt wird. Obgleich schon das Grundgesetz selbst die Grenzen der kommunalen Selbstverwaltung durch die Formulierung „im Rahmen der Gesetze" aufzeigt, ist diese Schnittstelle zwischen kommunaler Bauleitplanung und überörtlicher Raumordnung durch eine Fülle von grundsätzlichen und konkreten Konflikten gekennzeichnet, wobei insbesondere die Kommunen immer wieder meinen, „unzulässige Übergriffe" der übergeordneten Planungsebenen abwehren zu müssen.

Das schon von den verfassungsrechtlichen Grundlagen und der Konstruktion des bundesdeutschen Planungssystems her problematische Verhältnis zwischen kommunaler Bauleitplanung und überörtlicher Raumordnung wird durch einige weitere Faktoren zusätzlich kompliziert: Die gegenwärtige Verfassung des kommunalen Finanzsystems in der Bundesrepublik (sowohl des Steuersystems selbst als auch der Konstruktion des kommunalen Finanzausgleichs) motiviert die Gemeinden geradezu zur Maximierung ihrer Ausweisungswünsche für Gewerbe- und Wohnbauflächen, da zusätzliche Gewerbeansiedlungen und Einwohnerzuwachs meist positive Auswirkungen bei den kommunalen Einnahmen haben. Dies fördert den kommunalen Egoismus und erschwert interkommunale Kooperation. Insbesondere die Kommunalpolitik ist für entsprechende Verteilungsfragen hochsensibel und setzt entsprechende Zielvorgaben für die kommunale Bauleitplanung, die aus fachlicher Sicht vielfach eher zu Abstimmungen mit Nachbarn und übergeordneten Planungsebenen bereit ist. Erschwerend kommt dabei hinzu, dass insbesondere in kleinen Kommunen sowie in letzter Zeit verstärkt durch Verwaltungsreformen, Personalabbau, Privatisierungen usw. auch in größeren Kommunen professionelle Planungskapazitäten fehlen und entsprechende Planungsleistungen bei häufig wechselnden privaten Planungsbüros eingekauft werden müssen. Dadurch wird die Kontinuität in komplexen Abstimmungs- und Planungsprozessen nicht unbedingt gefördert. Allerdings ist an dieser Stelle auch darauf hinzuweisen, dass das Zusammenwirken der überörtlichen Planungsstellen, Raumordnungs- und Genehmigungsbehörden vielfach verbesserungswürdig ist. Es kommt häufig vor, dass diese, etwa im Rahmen von Genehmigungsverfahren für kommunale Bauleitpläne, die planerischen Grundlagen und insbesondere die vorhandenen Raumordnungspläne unterschiedlich interpretieren.

Seit einiger Zeit werden die schon länger bekannten Probleme intensiver diskutiert: „Angesichts der politischen Sensibilität und der nicht immer befriedigenden Wirkung der vorgestellten formellen Durchsetzungsinstrumente (insbesondere deren vornehmlich restriktiven und nur sehr begrenzt gestaltenden Charakters) sowie der begrenzten Einflussmöglichkeiten der Raumordnung auf die Mittelvergabe rücken die informellen, d. h. persuasiven und konsensorientierten Instrumente der Raumordnung verstärkt in den Vordergrund" (Priebs 1998, 212). Damit ist gemeint, dass über Moderationsverfahren mit „runden Tischen", Regionalkonferenzen, aber auch die Aufstellung informeller Leitbilder und Konzepte sowie die Initiierung und Nutzung personaler Netzwerke zur Vereinfachung informeller Abstimmungsprozesse die vielfach auftretenden Blockaden und Konflikte überwunden werden sollen. In manchen Verdichtungsräumen und Problemgebieten ist dadurch aber bereits eine ganz beachtliche Anzahl von informellen Kommunikations- und Entscheidungswegen entstanden, deren genaue Bedeutung und Verhältnis zur förmlichen Planung, insbesondere für Außenstehende, nur noch schwer einzuschätzen ist. Dabei stellt sich nicht nur die Frage nach der demokratischen Legitimation derartiger Prozesse. Vielfältige Erfahrungen haben inzwischen auch deutlich gemacht, dass sie selten zur Lösung wirklich „harter" Interessenkonflikte geeignet sind bzw. die Realisierung informell gefundener Kompromisslösungen nicht unbedingt garantieren können. In diesem Sinne scheint sich auch im Hinblick auf das Verhältnis zwischen kommunaler Bauleitplanung und überörtlicher Raumordnung die Erkenntnis durchzusetzen, dass die geschickte Verknüpfung informeller, konsensorientierter mit „harten", planungsrechtlich verbindliche Festsetzungen schaffenden Vorgehensweisen ein geeigneter Weg ist.

In den konzeptionellen Überlegungen zum Instrument „Sanierungs- und Entwicklungsgebiet" (so z. B. MKRO 1996, Kampe 1997) wird auf diese Problematik zunächst kaum eingegangen. Allerdings ist sie beim konkreten Einsatz des Instruments auf jeden Fall im Blick zu behalten, da jedes Sanierungs- und Entwicklungsgebiet einen konkreten territorialen Bezug hat, wodurch bestimmte Kommunen „betroffen" sind, ohne deren Mitwirkung die Realisierung anspruchsvoller Zielsetzungen so gut wie unmöglich ist. Deshalb ist das Spannungsverhältnis zwischen kommunaler Bauleitplanung und Raumordnung auch beim Einsatz des raumordnerischen Instruments „Sanierungs- und Entwicklungsgebiet" ein höchst brisantes Thema. Im Sinne der obigen Ausführungen ist dabei vorab hypothetisch anzunehmen, dass sich, zum Ersten, Kommunen möglicherweise gegen entsprechende Ausweisungen auf ihrem Territorium sperren, da sie sich in ihrem Image und ihren Entwicklungsmöglichkeiten durch eine entsprechende raumordnerische Aussage negativ betroffen fühlen könnten. Zum Zweiten ist zu erwarten, dass Entwicklungsaktivitäten unvermeidlich in den Sog interkommunaler Verteilungskonflikte um Entwicklungspotenziale geraten können, was – neben anderen Faktoren (s. o.) – zum Dritten, die interkommunale Kooperation in Sanierungs- und Entwicklungsgebieten erschweren kann.

3.3.2 Raumordnung und Fachplanung

Im Gegensatz zur relativen Vernachlässigung des Spannungsverhältnisses zwischen kommunaler Bauleitplanung und Raumordnung in den konzeptionellen Überlegungen zum Instrument „Sanierungs- und Entwicklungsgebiet"[5] wird die Bedeutung der Einbindung der Fachplanungen in ein integratives Konzept und der Bündelung von Förderprogrammen im Sanierungs- und Entwicklungsgebiet besonders herausgestellt und intensiver erörtert (vgl. z. B. MKRO 1996).

Eine Diskussion des Verhältnisses von Raumordnung und Fachplanung wird allerdings dadurch erschwert, „dass das Verhältnis zwischen der Regionalplanung und den Fachplanungen nicht pauschal behandelt werden kann", da sich sowohl die einzelnen Fachplanungen in ihren gesetzlichen Grundlagen und organisatorischen Ausformungen als auch die Regionalplanungen in den verschiedenen Ländern in ihrer Steuerungskapazität gegenüber Fachplanungen deutlich unterscheiden (Gust 1999, 287, vgl. Fürst, Ritter 1993, 131). Das extrem breite Spektrum der raumrelevanten Fachplanungen kann auch an dieser Stelle nicht annähernd gewürdigt werden. Es reicht von stark technisch bestimmten, im politischen Rahmen stark beachteten und durch eine intensiv vertikal vernetzte Planungsbürokratie gekennzeichneten Fachplanungen (wie der Verkehrsplanung) über finanziell relevante und daher intensiv in Verteilungsfragen eingebundene Fachpolitiken (z. B. regionale Wirtschaftsförderung) bis zu politisch oft nachrangig eingeschätzten, aber zumindest teilintegrativen und damit bisweilen sogar in Konkurrenz zur Raumordnung tretenden Fachplanungen mit hohem raumbezogenen Gestaltungsanspruch (wie z. B. Landschaftsplanung).

In den rechtlichen Grundlagen dieser Fachplanungen gibt es, in unterschiedlichen Formulierungen und mit unterschiedlicher rechtlicher Bindungswirkung ausgestattete, Raumordnungsklauseln, die die Beachtung raumplanerischer Ziele von der jeweiligen Fachplanung bzw. Fachpolitik (bis hin zu Förderprogrammen) bei konkreten inhaltlichen Aussagen verlangen. Die Wirkung der Klauseln wird aber i. d. R. als eher gering eingeschätzt, da die fachplanerischen Aussagen entweder bereits vor Erstellung/Fortschreibung der Regionalplanung festlegen, oder sie sind so wenig beeinflussbar, dass die Raumplanung sie als ein Faktum hinnehmen muss" (Fürst, Ritter 1993, 66). Die „vertikale Politikverflechtung der Ressorts gibt Fachplanungen eine besondere Resistenz gegenüber landesplanerischen Ansprüchen; es entstehen vertikale Kartelle der Ressorts, die ihnen in Budgetverteilungskämpfen Macht und Vorteile verschaffen. Gleichzeitig aber werden vertikal abgestimmte Fachplanungen immobil, weil die Konsenskosten, um bereits beschlossene Programme zu ändern,

---

5 Was aber evtl. damit begründet werden könnte, dass dieses Spannungsverhältnis in anderen Zusammenhängen schon vielfach intensiv diskutiert worden ist und Vorgehensweisen zu seiner Überwindung entsprechend erörtert worden sind.

sehr hoch sind" (Fürst, Ritter 1993, 67). Auch die in Kap. 2.3 skizzierte integrierte Entwicklungsplanung, die den starken Anspruch einer intensiven Vernetzung und Integration der eigendynamischen Fachplanungen hatte, ist u. a. an deren „Stärke" gescheitert.

Trotz der inhaltlichen Interessengegensätze zwischen unterschiedlichen Fachplanungen (so z. B. zwischen Wasserwirtschaft und Landwirtschaft oder Verkehrsplanung und Naturschutz) und des daraus resultierenden Koordinationsbedarfs beschränkt sich die Raumordnung letztlich häufig auf die „nachrichtliche Übernahme" fachplanerischer Aussagen und allenfalls noch auf die Formulierung allgemeiner Grundsätze zu deren wünschenswerter Koordinierung. Gegenüber dem hohen Gestaltungsanspruch der Raumordnung erscheint sie hier vielfach eher als nachvollziehender „Notar". Die Stärke der Fachplanungen liegt demgegenüber nicht zuletzt darin, dass sie über ihre Planungskompetenz hinaus auch Möglichkeiten zur Umsetzung ihrer Zielvorstellungen durch finanzielle Mittel aus den fachlichen Etats haben, was ihnen automatisch die Aufmerksamkeit von Politik und Öffentlichkeit sichert und Interessenskoalitionen ermöglicht. Der gemeinwohl-orientierte Gestaltungsanspruch der Raumordnung bleibt demgegenüber vielfach vage und politisch „blass" (vgl. dazu Gust 1999).

Die konzeptionellen Ausführungen zu „Sanierungs- und Entwicklungsgebieten als Instrument der Raumordnung" lassen das Bewusstsein für diese Problematik und das Bestreben nach deren Überwindung deutlich erkennen. So wird z. B. von der MKRO-ad-hoc-AG (1996) gefordert, in den „Sanierungs- und Entwicklungsgebieten" die „Fachplanungen in ein integratives Konzept einzubinden, öffentliche Mittel in Problemschwerpunkten zu bündeln, fachliche Förderprogramme zielführend zu modifizieren". Der Raumordnung, insbesondere wohl der Regionalplanung, soll die federführende Rolle bei der Koordination, Abstimmung und Integration zukommen. Diese Forderungen und Zielvorstellungen sind vor dem Hintergrund der hier skizzierten Problematik sehr gut nachvollziehbar. Angesichts der realen Kräfteverhältnisse und bisherigen Beschränkung der umsetzungsorientierten Gestaltungsmöglichkeiten der Raumordnung scheint die Verwirklichung dieses Anspruchs aber fraglich.

Für die Einleitung konkreter Entwicklungsinitiativen ist die Raumordnung auf die Kooperation mit und Überzeugung von kommunalen und privatwirtschaftlichen Akteuren, insbesondere aber auch der staatlichen Fachplanungen und -politiken angewiesen. Diese werden nur dann bereit sein, sich auf die Koordination durch die Raumordnung einzulassen, wenn sie von den materiellen Vorteilen des Vorgehens überzeugt werden können bzw. wenn ein „übergeordneter politischer Wille" mobilisiert werden kann. Im Regelfall erscheint gegenüber den sektoralen Optimierungs- und ressortspezifischen Gestaltungsansprüchen der Fachplanungen und Fachförderprogramme die Einflussmöglichkeit der Raumordnung vergleichsweise gering – nicht zuletzt aufgrund ihres eher niedrigen politischen Stellenwertes. Allerdings könnte es in Einzelfällen gelingen, die Dramatik einer besonderen Problemkonstellation in einem Teilraum politisch überzeugend darzustellen und damit maßgebliche politische Akteure (Mitglieder der Landesregierung, Regierungspräsidenten usw.) von der Notwendigkeit der Koordination bzw. der integrativen und prioritären „Bearbeitung" eines spezifischen Problemraums zu überzeugen. Die Ausweisung als „Sanierungs- und Entwicklungsgebiet" im Sinne eines „Aktionsraums auf Zeit" (vgl. 3.1) könnte dann quasi als planerischer Ausdruck dieses übergeordneten politischen Gestaltungswillens verstanden werden, dessen zeitlich befristete und auf einen spezifischen Problemraum konzentrierte Realisierung die Raumordnung übernehmen könnte. Wenn also der hohe Gestaltungsanspruch, der in den konzeptionellen Überlegungen mit dem neuen Instrument verbunden wird, bei einer grundsätzlichen Betrachtung und insbesondere bei einem vielfachen Einsatz fast schon als „illusionär" bezeichnet werden muss, so könnte gerade bei einer nur seltenen Anwendung in besonders dramatischen Problemlagen die Gestaltungskraft der Raumordnung dadurch gestärkt und ihre Leistungsfähigkeit demonstriert werden.

3.4 Finanzierung von Sanierungs- und Entwicklungsaufgaben

In dem Diskussionsentwurf „Sanierungs- und Entwicklungsgebiet als Instrument der Raumordnung" der MKRO-ad-hoc-AG „Raumordnerische Instrumente des Freiraumschutzes" (1996) wird in der Finanzierung von Sanierungs- und Entwicklungsmaßnahmen ein Kernstück dieses Instruments gesehen. Entsprechend dem Diskussionsentwurf der MKRO-ad-hoc-AG sind die folgenden vier finanzierungstechnischen Ansätze auf ihre raumordnungspolitische Leistungsfähigkeit zu prüfen:

– eigenständiger Fonds der Raumplanung für Konzeptentwicklung, Anfinanzierung und Spitzenfinanzierung,

– Bündelung, Abstimmung und räumlich gezielter Einsatz bestehender fachlicher und überfachlicher Förderprogramme,

– Modifizierung fachlicher Förderprogramme auf die Sanierungs- und Entwicklungsziele hin,

– Entwicklung neuer Förderprogramme sowie Einwerbung von Fördermitteln bei EU, Bund und Land.

Bei der Prüfung dieser finanzierungstechnischen Lösungsansätze wird folgendermaßen vorgegangen: Zunächst wird der Begriff der Finanzierung geklärt. In einem zweiten Schritt wird erläutert, warum die zu prüfenden finanzierungstechnischen Ansätze nicht allgemein, sondern auf der Grundlage eines Phasenschemas zur Beschreibung der Funktionsweise interkommunaler Kooperation beurteilt werden sollten. In einem dritten Schritt werden die oben genannten Ansätze geprüft. In Form eines Ausblicks wird auf Einsatzmöglichkeiten weiterer, oben nicht genannter Lösungsansätze hingewiesen.

Finanzierung im engeren Sinne ist ein Oberbegriff für Maßnahmen der Beschaffung bzw. Bereitstellung von Zahlungsmitteln für Investitionszwecke durch Unternehmen, private und öffentliche Haushalte. Bei der Prüfung finanzierungstechnischer Ansätze ist deshalb in der Regel von gegebenen Investitionszwecken bzw. Zielvorstellungen der entscheidenden Akteure auszugehen. Ziel von finanzierungstechnischen Ansätzen ist die Lösung des finanzwirtschaftlichen Zahlungsproblems, nicht die Bestimmung derjenigen Handlungsalternativen, welche aus Sicht der relevanten Akteure am zweckmäßigsten erscheinen. Im öffentlichen Raum wird der Begriff der Finanzierung manchmal in einem weiteren Sinne aufgefasst. Unter dem Begriff „Finanzierungsproblem" werden dann alle diejenigen Probleme subsumiert, bei denen Zahlungsmittel eine Rolle spielen. Dies können dann auch Probleme der Bestimmung von Investitionszwecken bzw. Projekten sein, die sich aus deren finanziellen Wirkungen für die relevanten Akteure ergeben. Im Folgenden wird von einem weiten Begriffsverständnis ausgegangen.

Interdependenzen zwischen Finanzierungsproblemen und der Stabilisierung einer Kooperationsbeziehung zur Formulierung gemeinsamer Zielvorstellungen werden im Folgenden anhand eines **Phasenschemas** berücksichtigt (Müller, Beyer 1999, 240 ff.). Mit diesem Schema kann der Verlauf von Kooperationsbeziehungen auf der regionalen Ebene idealtypisch in Start-, Test- und Reifephase gegliedert werden:

- Die *Startphase* ist wesentlich durch die Initiierung der Kooperation geprägt. Es geht vor allem um die Zusammenführung der Akteure, die Definition von Handlungsfeldern, die Diskussion von Formen der Kooperation, die Ableitung möglicher Handlungsperspektiven und die Erarbeitung eines Leitbildes. Die Startphase kann noch durch beträchtliche Unsicherheiten, wenn nicht gar Misstrauen geprägt sein. Einige Akteure können sich deshalb abwartend verhalten.

- Die *Testphase* ist vor allem durch die Umsetzung erster Maßnahmen im Rahmen der interkommunalen Zusammenarbeit geprägt. In dieser Phase ist es möglich, die Handlungsfelder einer erfolgversprechenden Kooperation zu identifizieren und ihre Wirkungen zu testen. In der Testphase werden erste Erfolge sichtbar, das Engagement der Akteure nimmt zu. Fragen eines horizontalen Nutzen-Lasten-Ausgleichs zwischen den beteiligten Kommunen können bedeutsam werden.

- Die *Reifephase* ist durch stabile Kooperationsstrukturen und vertrauensbasierte Beziehungen zwischen den beteiligten Gemeinden gekennzeichnet. Interkommunale Kooperation wird zur Routine auf breiter Basis. Neue Handlungsfelder werden gemeinsam diskutiert und für eine Bearbeitung aufbereitet. Die interkommunale Erfüllung von Aufgaben kann auch vertraglich fixiert werden.

Externe Einflüsse auf die Kooperationsbeziehung, beispielsweise in Form finanzieller Anreize, sind vor allem in der Start- und Testphase bedeutsam. Vor allem in diesen beiden Phasen ist die Kooperationsbeziehung anfällig gegenüber von außen kommenden Störungen. Gleichzeitig ist es in diesen Phasen schwer, ohne externe Anreize die Selbstorganisationsbereitschaft der Akteure zu stabilisieren. Dies gilt insbesondere dann, wenn Verteilungsprobleme im Vordergrund der Kooperationsbeziehung zwischen kommunalen Akteuren stehen. Verteilungsprobleme treten auch dann auf, wenn mehrere Problemlösungen existieren, die alle Akteure besser stellen würden, denn jetzt geht es um die Frage, welchen relativen Vorteil jeder Akteur durch die kooperative Problemlösung gewinnt (Scharpf 1992). Die kooperative Lösung von Verteilungsproblemen setzt in besonderem Maße gemeinsame Orientierungen zwischen den Akteuren voraus (Benz 1994). Um an Problemlösungen ausgerichtete Handlungsorientierungen („problem solving" im Gegensatz zum „bargaining") zu fördern, bedarf es deshalb externer Anreize, die sich nicht als Störung für die Entwicklung einer reifen regionalen Kooperationsbeziehung erweisen. Sofern jedoch diese externen Anreize von einzelnen Fachressorts (meist: Wirtschaftsministerium) ausgehen, wird die regionale Kooperation einseitig auf deren Belange ausgerichtet – sie wird selektiv, bezogen auf Themen, auf relevante Akteure und zu erwartende Ergebnisse, was die Kooperationsergebnisse im Sinne der raumordnungspolitischen Ziele beeinträchtigen kann (Fürst 1999). Der Anspruch der Regionalplanung, fachpolitische Förderprogramme regional zu differenzieren und zu koordinieren, ist deshalb insbesondere in der Start- und Testphase von Bedeutung für einen erfolgreichen Einsatz raumordnungspolitischer Steuerungsinstrumente. Die vier zu prüfenden finanzierungstechnischen Ansätze werden deshalb im Folgenden nicht allgemein, sondern phasenbezogen beurteilt.

Mit der Einrichtung eines **eigenständigen Fonds der Raumplanung für Konzeptentwicklung, Anfinanzierung und Spitzenfinanzierung** können formal der Landes- und Regionalplanung zuzuordnende Akteure autonom über den Einsatz eines gegebenen Budgetvolumens für raumordnerisch relevante Vorhaben entscheiden (sog. „Raumordnungsfonds"). Im Folgenden wird auf die im Diskussionsentwurf der MKRO-ad-hoc-AG „Raumordnerische Instrumente des Freiraumschutzes" explizit genannten Zielbezüge „Konzeptentwicklung, An- und Spitzenfinanzierung" eingegangen. Zudem wird die Möglichkeit der Lückenfinanzierung erläutert.

- Im Allgemeinen sind bei der Planung, Organisation und Durchführung von Projekten in Sanierungs- und Entwicklungsgebieten aufwendige konzeptionelle Vorleistungen seitens kommunaler und regionaler Akteure erforderlich (z. B. Durchführung einer Stärken-Schwächen-Analyse, Formulierung eines

Leitbildes und von Entwicklungszielen). Diese können auf der Grundlage eines Raumordnungsfonds von der Landes- und Regionalplanung leichter angestoßen und relativ autonom gesteuert werden.

- Der Begriff der Anfinanzierung stellt auf die Förderung von Vorhaben ab, die der Vorbereitung von Infrastrukturvorhaben dienen. So ist z. B. in der Förderrichtlinie des Sächsischen Staatsministeriums für Umwelt und Landesentwicklung für die Förderung der Erstellung und Umsetzung von Regionalen Entwicklungs- und Handlungskonzepten sowie von Modellvorhaben der Raumordnung (FR-Regio) vom 9. Juli 1997 bestimmt, dass investitionsvorbereitende Maßnahmen zur Umsetzung priorisierter Infrastrukturvorhaben gefördert werden können (FR-Regio, Nr. 3.3). Hierzu zählen z. B. Standort- und Baugrundgutachten, welche für die Wiedernutzung von Brachflächen notwendig sind.

- Mit dem Begriff der Spitzenfinanzierung wird auf die Finanzierung von Kostenbestandteilen von Maßnahmen abgestellt, welche im Rahmen sektoraler Förderprogramme nicht zu finanzieren sind (z. B. überdurchschnittliche Sachkosten bei der Durchführung sog. Arbeitsbeschaffungsmaßnahmen).

- Der in dem Diskussionspapier der MRKO-ad-hoc-Arbeitsgruppe nicht genannte Begriff der Lückenfinanzierung bezeichnet eine weitere Einsatzmöglichkeit von Raumordnungsfonds: Sofern z. B. Maßnahmen zur Wiedernutzung von Brachflächen aufgrund von unbestimmten Nutzungsmöglichkeiten vorübergehend nicht mittels sektoraler Fördermaßnahmen zu finanzieren sind, können Mittel des Raumordnungsfonds eingesetzt werden.

Mit der Einrichtung eines Raumordnungsfonds ist es also insbesondere möglich, a) konzeptionelle Leistungen der Adressaten anzustoßen und zu deren Finanzierung beizutragen sowie b) die Nutzungsmöglichkeiten der Programmstrukturen fachlicher Förderprogramme zielorientiert zu verändern. Für erwünschte Steuerungseffekte muss dabei nicht unbedingt von einem hohen Budgetansatz des Raumordnungsfonds ausgegangen werden (Benz 1999, 328).

Nach wie vor ist jedoch umstritten, inwieweit die direkte Verantwortung der Raumordnung für die Vergabe zumindest der durch ihre eigenen Ziele begründeten finanziellen Dotationen in der Tat eine positive Wirkung auf die Verhandlungsposition der Raumordnung, insbesondere gegenüber den Kommunen, hat.

Grundsätzlich sollte die Leistungsfähigkeit eines Raumordnungsfonds nicht unabhängig von den raumrelevanten steuerpolitischen Rahmenbedingungen beurteilt werden (Döring u. a. 1999). Insbesondere Ökonomen vermuten, dass mit der Einrichtung von speziellen Fondslösungen zur Umsetzung raumordnungspolitischer Ziele lediglich Symptome behandelt werden können. In diesem Falle wird die Beseitigung von Schwachstellen des Gemeindesteuersystems als notwendige Bedingung für einen erfolgversprechenden Einsatz spezieller raumordnungspolitischer Steuerungsinstrumente gesehen (z. B. Napp 1994).

In der raumplanerischen Diskussion wird hingegen oftmals auf den zu erwartenden positiven Beitrag von Raumordnungsfonds für die Verwirklichung raumordnerischer Ziele hingewiesen (z. B. Erbguth 1995, Priebs 1998, Benz 1999). Für die Gültigkeit dieser Auffassung bei der Beurteilung von „Sanierungs- und Entwicklungsgebieten" spricht nicht zuletzt das weite Spektrum an möglichen Zielbezügen dieses raumordnerischen Instruments. Die für den Einsatz der Fondsmittel zuständige Stelle könnte in Abhängigkeit der konkreten Problemsituation im Aktionsraum flexibel über die Verwendung der Finanzmittel entscheiden. Mit einigem Recht ist deshalb zu vermuten, dass finanzielle Probleme des raumordnerischen Instrumentes „Sanierungs- und Entwicklungsgebiet" vor allem dann erfolgversprechend gelöst werden können, sofern die Landes- und Regionalplanung über einen eigenständigen Fonds verfügt.

Trotz Unsicherheiten in der Einschätzung der Leistungsfähigkeit eines solchen Raumordnungsfonds für Konzeptentwicklung, An- und Spitzenfinanzierung ist deshalb zu vermuten, dass dieser Lösungsansatz als eine allgemeine Erfolgsbedingung für einen erfolgversprechenden Einsatz des Instruments „Sanierungs- und Entwicklungsgebiet" beurteilt werden kann.

Im Falle der **Bündelung, Abstimmung und des räumlich gezielten Einsatzes bestehender fachlicher und überfachlicher Förderprogramme** werden die vorhandenen öffentlichen Programme weder in Bezug auf ihre Empfangs- und Verwendungsauflagenstruktur noch in Bezug auf ihr Budgetvolumen geändert. Nicht die bestehende Programmstruktur des staatlichen Fördersystems wird also verändert, sondern die Nutzung dieser Struktur durch kommunale und übergemeindliche Akteure. Erwünschte Wirkungen können erzielt werden, sofern durch die Ex-ante-Koordination von Programmnutzungen Kosten zu vermeiden sind, welche im Falle unkoordinierter Inanspruchnahme auftreten würden. Mit anderen Worten: Dieser Ansatz zielt auf eine Finanzierung von kostenwirksamen Maßnahmen in Sanierungs- und Entwicklungsgebieten durch die Nutzung von Effizienzspielräumen ab. Aufgrund der Vielfalt zu erfüllender Teilaufgaben zur Sanierung und Entwicklung umweltbelasteter Räume ist dabei eine Vielzahl öffentlicher Förderprogramme von Relevanz (GRW-Mittel zur Finanzierung von Maßnahmen zur Wiedernutzung von gewerblich nutzbaren Brachflächen, Mittel der Städtebauförderung, Fremdenverkehrsfördermittel, u. a.). Dies erschwert zugleich verallgemeinernde Aussagen zu den Möglichkeiten einer effizienteren Nutzung des bestehenden staatlichen Fördersystems.

Folgende allgemeingültigen Überlegungen sind jedoch möglich: Notwendige, jedoch nicht hinreichende Bedingung für eine Effizienzsteigerung des bestehenden Fördersystems ist die Formulierung einer aktiven Fördermittelstrategie durch die Kommunen eines Sanierungs- und Entwicklungsgebietes. Dies setzt zugleich die Formulierung gemeinsamer Zielvorstellungen voraus. Steuerungserfolge sind deshalb vor allem dann zu erwarten, wenn sich eine relativ stabile regionale Kooperationsbeziehung bereits etabliert hat. Für Steuerungserfolge ist zudem auf übergemeindlicher Ebene Sorge dafür zu tragen, dass gemeinsam formulierte Fördermittelstrategien der Gemeinden wahrgenommen und auf ihre Kompatibilität mit dem bestehenden Fördersystem geprüft werden. Da die Landesplanung Initiator des Instruments „Sanierungs- und Entwicklungsgebiet" ist, liegt es nahe, dass sie die Koordinierung der relevanten Förderprogramme federführend übernimmt oder an eine andere geeignete Institution (Regierungspräsidium, Regionalplanung) delegiert.

Doch auch dies reicht noch nicht für Steuerungserfolge aus: Unerwünschte Raumwirkungen finanzpolitischer Entscheidungen kommen in Zeiten enger werdender finanzieller Handlungsspielräume der Gebietskörperschaften voll zum Tragen. Gleichzeitig wird es für die Raumordnungspolitik schwieriger, finanzpolitische Entscheidungen zu beeinflussen. In der aktuellen Diskussion über die Neuabstimmung von Raumordnungs- und Finanzpolitik hat man sich deshalb von dem in den 70er und 80er Jahren formulierten Steuerungsideal einer integrierten, positiv koordinierten (Scharpf 1993) Raumfinanzpolitik weitgehend verabschiedet (Benz 1999). Damit ist es fraglich, ob und wieweit sich Fördermittelstrategien von Gemeinden in Sanierungs- und Entwicklungsgebieten ohne größere Reibungsverluste in das bestehende Fördersystem einfügen lassen. Fraglich ist es auch, ob sich Fachplanungen unter diesen Rahmenbedingungen zur Programmformulierung und Vergabe von Fördermitteln im Sinne raumordnungspolitischer Ziele selbst verpflichten (vgl. auch die empirische Untersuchung zur Relevanz landesplanerischer Ziele bei der Vergabe von Investitionszuweisungen in NRW, Dannebom u. a. 1996). Der Lösungsansatz „Bündelung, Abstimmung und räumlich gezielter Einsatz bestehender fachlicher und überfachlicher Förderprogramme" kann deshalb vermutlich erst in der Test- und Reifephase erfolgversprechend eingesetzt werden.

Im Falle der **Modifizierung bestehender und Entwicklung neuer Förderprogramme sowie der Einwerbung von Fördermitteln bei EU, Bund und Land** wird zum einen die Programmstruktur des staatlichen Fördersystems zielorientiert geändert, zum anderen werden Fördermöglichkeiten oberhalb der gebietskörperschaftlichen Ebene des Landes in Anspruch genommen. Die folgenden Ausführungen konzentrieren sich auf den zuerst genannten Aspekt.

Überlegungen zur Modifizierung und Entwicklung neuer Förderprogramme werden für das Instrument der Zweckzuweisungen an Gemeinden entwickelt (so genannter „Goldener Zügel", vgl. auch Kampe 1997, 187). Positive Spillover kommunaler Entscheidungen, so ein Hauptergebnis der Ökonomischen Theorie der Zuweisungen, sind mittels Zweckzuweisungen mit finanzieller Eigenbeteiligung zu finanzieren (Fischer 1988, Napp 1994). Und zwar einerseits, um lediglich die externen Nutzen der Aufgabenerfüllung mittels Zweckzuweisungen abzugelten, was eine Eigenbeteiligung der zuweisungsempfangenden Gemeinde an der Finanzierung des Vorhabens voraussetzt. Andererseits können hierdurch bei relativ gering bemessenen Budgetvolumen die höchstmöglichen Steuerungseffekte erzielt werden. Zuweisungen an den kommunalen Bereich zur Verwirklichung raumordnungspolitischer Ziele sind denn auch in der Praxis, sofern sie als Absicht zur Internalisierung positiver Spillover interpretiert werden können, oftmals als Zweckzuweisungen mit Eigenbeteiligung ausgestaltet.

Gleichwohl wird das Zweckzuweisungssystem der Länder oftmals kritisch hinterfragt, insbesondere wenn Zweckzuweisungen als projektgebundene Ermessenszuweisung und nicht als Investitionspauschale ausgestaltet sind (Renzsch u. a. 1998). Projektzuweisungen stellen die hergebrachte Form von Zweckzuweisungen mit finanzieller Eigenbeteiligung dar: Das Land definiert die zu fördernde Aufgabe, bestimmt die Förderrichtlinien, bearbeitet die eingereichten Anträge der Gemeinden. Auf der Grundlage von Ermessensentscheidungen über die zu fördernden Projekte erfolgen dann der Zuweisungsbescheid, die Auszahlung der versprochenen Mittel und möglicherweise Kontrollaktivitäten. Anhand von Verwendungsauflagen kann auch nur bestimmt sein, dass die Finanzmittel im Vermögenshaushalt einer Gemeinde zu verwenden sind. Man spricht dann von Investitionspauschalen. Sofern Investitionspauschalen zugleich auf der Basis von Schlüsselgrößen, wie z. B. Einwohnerzahlen, vergeben werden, ähneln sie Schlüsselzuweisungen nach mangelnder Steuerkraft. Im Folgenden wird jedoch von schlüsselbasierten Empfangsbedingungen abgesehen.

Projektzuweisungen und Investitionspauschalen unterscheiden sich in der vorliegenden Arbeit also allein in Bezug auf den Bestimmtheitsgrad der Zweckbindung. Dabei präferieren kommunale Akteure in der Regel die Ausgestaltung als Investitionspauschale, weil ihnen diese Ausgestaltungsform einen größeren Handlungsspielraum bei der Verausgabung der gewährten Finanzmittel belässt (Mäding 1995).

Eine raumordnungspolitischen Zielen entsprechende Modifikation des bestehenden Fördersystems könnte darin gesehen werden, dass detaillierte Regelungen zur Bestimmung der Verwendung von Förderprogrammen aufgelöst werden, während bei der Formulierung von Empfangsauflagen fachübergreifend auf die Berücksichtigung raumordnerischer Eignungskriterien von Zuweisungsempfängern hingewirkt wird (so die frühen Überlegungen von Hansmeyer 1970). Mit Empfangsauflagen wird geregelt, unter welchen Bedingungen eine Gemeinde ein Zuweisungsprogramm in Anspruch nehmen kann. Als Ansatzpunkt für die Formulierung von Empfangsauflagen kommen sowohl mittel- bis langfristig nicht änderbare Merkmale von Gemeinden in Betracht, wie z. B. der zentralörtliche Status (vgl. Junkernheinrich 1991).

Als Ansatzpunkte kommen jedoch auch kurz- bis mittelfristig änderbare, also direkt verhaltensrelevante Merkmale in Betracht. So ist es z. B. für den Empfang von Fördermitteln gemäß der FR-Regio des Freistaates Sachsen erforderlich, dass die antragstellenden Gemeinden konsensual auf der Basis interkommunaler Kooperation die zu fördernden Maßnahmen der Konzeptentwicklung, An- und Spitzenfinanzierung bestimmen (FR-Regio vom 24. Juli 1997, Nr. 5.3 i. V. m. Nr. 2). Um den Kooperationsanreiz für die Gemeinden eines Sanierungs- und Entwicklungsgebietes zu erhöhen, könnte die für die Verausgabung der Mittel eines Raumordnungsfonds zuständige Stelle auf eine gemeinsame Programmformulierung mit Fachbehörden hinwirken, bei der erhöhte Anforderungen an die konsensuale Formulierung der zu fördernden Maßnahmen durch die Gemeinden gestellt werden, während zugleich der Bestimmtheitsgrad der Verwendung gesenkt wird.

Auch dieser finanzierungstechnische Ansatz ist vermutlich erst mittelfristig erfolgversprechend einsetzbar und deshalb erst für die Test- und Reifephase von Bedeutung: Zum einen setzt die Modifizierung von Fachprogrammen eine Problemformulierung voraus, die auf der Grundlage von Vorstellungen der betroffenen Gemeinden „vor Ort" zu Sanierungs- und Entwicklungszielen vorzunehmen ist. Zum anderen ergeben sich bei der Modifizierung der Förderprogramme im Sinne raumordnungspolitischer Ziele und Grundsätze vermutlich ähnliche übergemeindliche bzw. überregionale Abstimmungsprobleme wie bei der erfolgsorientierten Nutzung der bestehenden Programme. Diese Lösungsansätze werden hier deshalb identisch beurteilt.

Vergleichende Beurteilung der Lösungsansätze

Unterzieht man die in dem Diskussionsentwurf der MKRO-ad-hoc-AG „Raumordnerische Instrumente des Freiraumschutzes" genannten vier finanzierungstechnischen Lösungsansätze einer einfachen vergleichenden Beurteilung, so ergibt sich auf der Grundlage der vorstehenden Ausführungen folgendes Bild (Tab. 1).

Die Einrichtung eines eigenständigen Raumordnungsfonds kann als allgemeine Erfolgsbedingung des Instruments „Sanierungs- und Entwicklungsgebiet" angesehen werden. Die für die Regionalplanung zuständige Stelle kann auf der Grundlage eines Raumordnungsfonds sowohl direkt eigene Ziele ansteuern, wie auch fachliche Förderprogramme zu beeinflussen suchen. Steuerungserfolge sind schon kurzfristig zu erwarten. Ein Raumordnungsfonds kann deshalb als wichtige Bedingung für Erfolge in der Startphase kooperativer Problembearbeitung angesehen werden. Vermutlich handelt es sich aber nicht um eine notwendige Bedingung für Kooperationserfolge: Steuerungserfolge können auch durch günstige Umfeld- und Interaktionsbedingungen sowie institutionelle Voraussetzungen erzielt werden, z. B. durch produktive Netzwerkstrukturen.

Tab. 1: Vergleichende Beurteilung der finanzierungstechnischen Lösungsansätze (Entwurf: IÖR)

Lösungsansatz	Beurteilung
Eigenständiger Fonds der Raumplanung für Konzeptentwicklung, An- und Spitzenfinanzierung sowie Lückenfinanzierung	− Gemeinsame Vorstellungen der Gemeinden über Ziele und Förderschwerpunkte können angeregt werden − geeignet zur Lösung von Problemen auch in der Startphase − allgemeine Erfolgsbedingung
Bündelung, Abstimmung und räumlich gezielter Einsatz bestehender fachlicher und überfachlicher Förderprogramme Modifizierung fachlicher Förderprogramme auf die Sanierungs- und Entwicklungsziele hin Entwicklung neuer Förderprogramme und Einwerbung von Fördermittel bei EU, Bund oder Land	− Gemeinsame Vorstellungen der Gemeinden über Ziele und Förderschwerpunkte als Voraussetzung − geeignet zur Lösung von Problemen in der Test- und Reifephase − spezielle Erfolgsbedingungen

Der Ansatz der Bündelung und Abstimmung bestehender fachlicher und überfachlicher Förderprogramme ist voraussetzungsvoller in Bezug auf die „vor Ort" gegebenen Erfolgsbedingungen. Insbesondere müssen die kooperierenden Akteure über relativ homogene Vorstellungen bzgl. einer gemeinsamen Förderstrategie verfügen. Insofern ist tendenziell erst mittelfristig mit Steuerungserfolgen im Rahmen der Test- und Reifephase einer Kooperationsbeziehung zu rechnen. Ähnliches gilt für die Ansätze der Modifizierung bestehender und die Entwicklung neuer Förderprogramme sowie die Einwerbung von Fördermitteln bei EU, Bund und Land. Einerseits müssen hierfür die Voraussetzungen auf übergemeindlicher, insbesondere der Ebene des Landes gegeben sein (z. B. interministerielle Abstimmung). Andererseits müssen die Gemeinden eines „Sanierungs- und Entwicklungsgebietes" über relativ homogene Zielvorstellungen und Vorstellungen über Förderschwerpunkte verfügen, um problemlösungsorientierte Abstimmungsprozesse auf der übergemeindlichen Ebene anzustoßen. Auch dieser Lösungsansatz eignet sich deshalb vermutlich allein für die Lösung von Steuerungsproblemen in der Test- und Reifephase.

Ausblick

Abschließend wird betont, dass allein das Kriterium der raumordnungspolitischen Effektivität bei diesen Überlegungen zur Beurteilung der finanzierungstechnischen Ansätze verwendet wurde. Weitere Kriterien zur Beurteilung von Steuerungsinstrumenten sind z. B. „Effizienz" und „institutionelle Beherrschbarkeit" (vgl. Rennings u. a. 1998). Die Beurteilungsergebnisse sollten deshalb in einem breiteren Untersuchungsrahmen überprüft werden.

In einem breiter angelegten Beurteilungsrahmen sind auch finanzierungstechnische Lösungsansätze zu berücksichtigen, die in dem Diskussionsentwurf der MKRO-ad-hoc-AG „Raumordnerische Instrumente des Freiraumschutzes" nicht genannt wurden. Im Folgenden werden zwei Beispiele genannt.

Erstens: Sanierungsaufgaben können als umweltpolitische Ordnungsaufgabe interpretiert werden, bei der die ex ante eigentlich zu vermeidenden Umweltschäden bereits eingetreten sind. Dem Verursacherprinzip der Umweltpolitik kann deshalb nur sehr eingeschränkt Rechnung getragen werden (Hansmeyer u. a. 1990). Auch bei Primärorientierung am umweltpolitischen Verursacherprinzip ist es im Falle von Altlasten im Allgemeinen legitim, diese auf der Grundlage des Gemeinlastprinzips anhand steuerfinanzierter Staatsausgaben zu finanzieren. Die selektive Belastung privater Akteure hängt dann ab von der Inzidenz des gesamten Steuersystems (Gawel 1991). Indes wird bei dieser allgemeinen Begründung der Anwendungsmöglichkeiten des Gemeinlastprinzips auf die Finanzierung von Sanierungsmaßnahmen ein einheitlicher Staatssektor unterstellt. Mit anderen Worten: Von den besonderen Bedingungen des Fiskalföderalismus und damit von der Verteilung der Aufgaben-, Ausgaben- und Einnahmenkompetenzen zwischen den Gebietskörperschaften und der faktischen Entwicklung der Ausgaben- und Einnahmenmöglichkeiten wird abstrahiert. Fragen der Finanzierung von Sanierungsmaßnahmen im Kooperationsraum müssen deshalb in einem breiteren Kontext diskutiert werden, in dem neben kurzfristig wirksamen Lösungsansätzen, wie z. B. Zweckzuweisungen, die Kompetenzverteilung zwischen den gebietskörperschaftlichen Ebenen systematisch in die Betrachtung einbezogen werden (vgl. die aktuelle Analyse durch Döring u. a. 1999). Als allgemeine Orientierungsthese wird man vermuten können, dass ein stärkeres staatliches Engagement bei der Sanierung der Umweltschäden in Sanierungs- und Entwicklungsgebieten in Betracht zu ziehen ist.

Zweitens: In der Finanzwissenschaft wird auf die Notwendigkeit der Berücksichtigung gemeindeindividueller Sonderbedarfe bei der Ausgestaltung des Systems der Schlüsselzuweisungen nach mangelnder Steuerkraft hingewiesen (Junkernheinrich 1992). Aus diesem Grund sollten neben Möglichkeiten zur Einrichtung eines Raumordnungsfonds auf regionaler Ebene und zur Bündelung, Modifikation und Entwicklung von Förderprogrammen auch Möglichkeiten der Berücksichtigung raumordnerischer Belange von Sanierungs- und Entwicklungsgebieten im allgemeinen kommunalen Finanzausgleich geprüft werden.

4 Empirische Ergebnisse im Sanierungs- und Entwicklungsgebiet Uranbergbau[6]

Zentrales Anliegen des Modellvorhabens war die wissenschaftliche Begleitung des Sanierungs- und Entwicklungsansatzes im Zentralen Erzgebirge um Johanngeorgenstadt. Demzufolge wurde für die empirischen Untersuchungen der größte Teil des wissenschaftlichen Potenzials eingesetzt (vgl. 1.4). Die Darstellung der Ergebnisse beginnt mit der Problemsituation, wobei den radiologischen Verhältnissen im Aktionsraum besondere Aufmerksamkeit gewidmet wird (4.1). Danach erfolgen die Vorstellung und die thesenhafte Auswertung des im Untersuchungsgebiet praktizierten Lösungsansatzes (4.2). Im Mittelpunkt stehen dabei die horizontalen und vertikalen Kooperationsverflechtungen der Schlüsselakteure. Abschließend werden die Perspektiven erörtert, die für den Aktionsraum im Ergebnis des Modellvorhabens entstanden sind (4.3). Dazu werden sowohl der erreichte Stand als auch die weiteren Aufgaben der beteiligten Gemeinden erläutert.

4.1 Problemlage

Das „Sanierungs- und Entwicklungsgebiet Uranbergbau" umfasst die Stadt Johanngeorgenstadt, die Gemeinden Breitenbrunn, Erlabrunn, Pöhla, Raschau und Rittersgrün sowie den Ortsteil Erla der Stadt Schwarzenberg (Abb. 5). Es liegt im Landkreis Aue-Schwarzenberg (Regierungsbezirk Chemnitz, Freistaat Sachsen) an der Grenze zur Tschechischen Republik und somit an der Außengrenze der Europäischen Union. Auf einer Fläche von 127 km² leben 20 800 Einwohner (2000), die durchschnittliche Bevölkerungsdichte beträgt 163 EW/km². Damit zählt das Gebiet zu den dichter besiedelten Teilen des oberen Erzgebirges, allerdings ist die Einwohnerzahl seit 1990 um ca. 15 % zurückgegangen.

Die historische Quelle der Siedlungs- und Wirtschaftstätigkeit in der Untersuchungsregion bildet der Ende des 14. Jahrhunderts in die oberen Lagen des Erzgebirges vordringende Erzbergbau. Nach dem Zweiten Weltkrieg begann die Sowjetunion mit der Erkundung und dem Abbau von Uranerz. Alle Gemeinden des Untersuchungsraums waren von Abbau oder Aufbereitung des Erzes betroffen. Innerhalb von 15 Jahren erfuhr die Region eine vollkommene strukturelle Veränderung.

---

6 Die empirischen Ergebnisse im Sanierungs- und Entwicklungsgebiet Uranbergbau in Südwestsachsen sind umfassend auf der beigelegten CD-ROM dargestellt. Hier erfolgt aus Platzgründen eine auszugsweise und z. T. auswertende Darstellung.

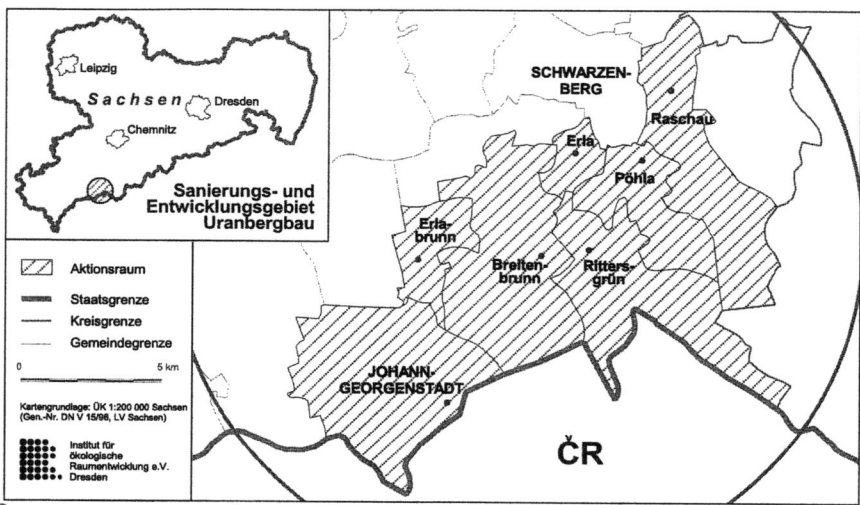

Abb. 5: Lage des Sanierungs- und Entwicklungsgebietes Uranbergbau (IÖR 2000)

4.1.1 Überlagerung von Problemen umweltbelasteter und strukturschwacher Räume

Nachdem die Überlagerung von verschiedenen Umweltschäden der Anlass für die Ausweisung des Aktionsraumes „SEG Uranbergbau" gewesen war, haben die Untersuchungen eine komplexe und vielschichtige Problemsituation aufgedeckt, die deutlich über die Umweltproblematik hinausgeht. Neben den unmittelbaren Umweltschäden (Halden, Bodenkontaminationen, Tagesbrüche usw.) sind die städtebaulichen Schäden aus der Wismutzeit und in jüngerer Zeit die Wohnungsleerstände infolge der rasanten Abwanderung der Bevölkerung gegenwärtig das dominierende Thema der kommunalen Debatte. Darüber hinaus sind die Gemeinden mit den allgemeinen Problemen strukturschwacher, peripherer Räume konfrontiert, d. h. einer geringen Wertschöpfung der Wirtschaft, einem Defizit an Arbeitsplätzen und unzureichender Investitionstätigkeit. Schließlich erweisen sich die periphere Lage an der EU-Außengrenze und die damit verbundene schlechte Verkehrsanbindung überwiegend als Standortnachteil, obwohl seitens der Gemeinden bereits beträchtliche Anstrengungen unternommen worden sind, um mit den tschechischen Nachbargemeinden zusammenzuarbeiten. Somit erweist sich die enorme *Kumulation* von Einzelproblemen als *die* Besonderheit des Sanierungs- und Entwicklungsgebietes Uranbergbau (vgl. Abb. 6). Die wichtigsten Problemfelder lassen sich folgendermaßen skizzieren:

Die Umweltschäden im Aktionsraum beruhen in erster Linie auf der Kontamination der Umweltmedien infolge jahrhundertelangen Bergbaus, vor allem des

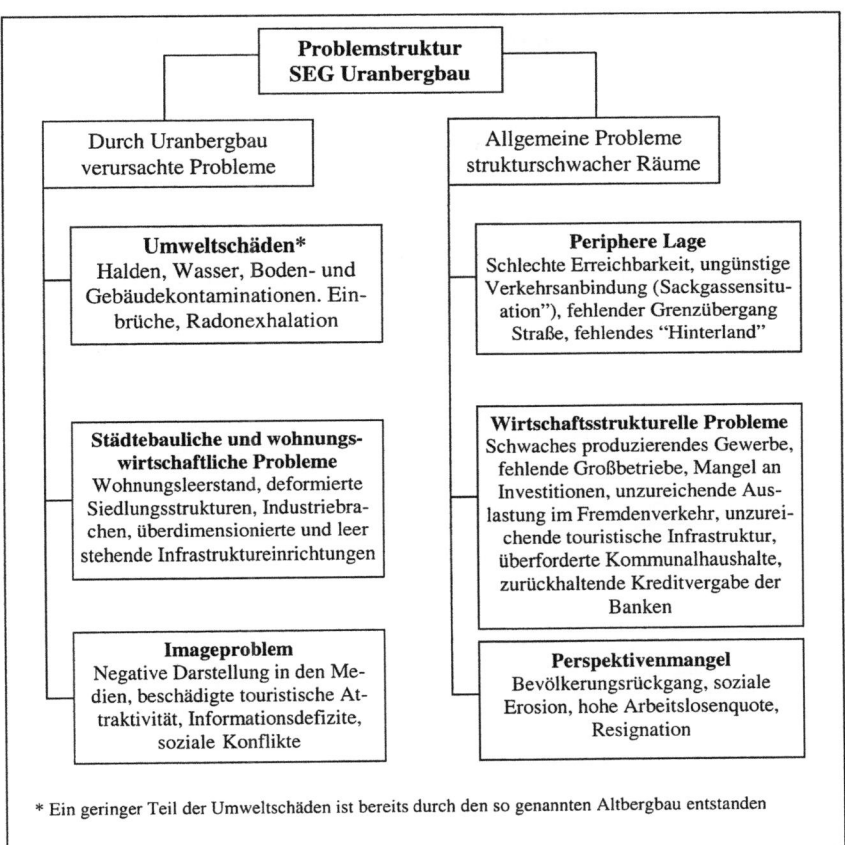

Abb. 6: Problemstruktur im Sanierungs- und Entwicklungsgebiet Uranbergbau (IÖR 2000)

Uranerzbergbaus der Sowjetischen (SAG), später Sowjetisch-Deutschen Aktiengesellschaft (SDAG) Wismut in den Jahren 1946 bis 1959. Neben den radioaktiven Kontaminationen gehen weitere Gefahren von Schwermetallen und Arsen aus. Darüber hinaus gibt es eine Fülle bergbaubedingter Tagesbrüche, die trotz laufender Sanierung ständig neu entstehen. Die Ausgasung von Radon und die Konzentration dieses radioaktiven Edelgases in Häusern erfordert sowohl Sanierungsmaßnahmen an Altbauten als auch Mehraufwendungen beim Neubau von Gebäuden. Entwicklungshemmnisse für die Gemeinden ergeben sich durch Bergbauhalden, Schächte, Industrielle Absetzanlagen und Industriebrachen (im Einzelnen vgl. 4.1.2).

Der Uranerzbergbau der SDAG Wismut war begleitet von massiven Eingriffen in die gewachsenen städtebaulichen Strukturen des Aktionsraumes. Die im Gefolge des Bergbaus entstandenen Veränderungen lassen sich folgendermaßen umreißen:

- Errichtung von Industrieanlagen zur Gewinnung, Aufbereitung und Versendung des Uranerzes;

- Bau neuer Wohnsiedlungen (Wismutsiedlungen), überwiegend mit kasernenartiger Gebäudestruktur und -anordnung zur Unterbringung der Bergarbeiter in Johanngeorgenstadt (Mittelstadt (Abb. 7), Pachthaus, Neuoberhaus, Schwefelwerk), Antonsthal (Antonshöhe), Raschau (Siedlung des Friedens), Breitenbrunn (Breitenhof, Rabenberg), Erla (Siedlung am Schwarzwasser) und Erlabrunn (Siedlung am Milchbach);

Abb. 7: Bergarbeiterwohnsiedlung Johanngeorgenstadt-Mittelstadt in den 1950er Jahren (Foto: Stadtverwaltung Johanngeorgenstadt)

Die Einstellung des Uranerzbergbaus 1958 führte zu einem ersten Umnutzungsschub des mit dem Wegzug der meisten Bergleute überdimensionierten Gebäudebestandes. Aus den Bergarbeiterunterkünften entstanden zum einen Wohnsiedlungen für die im Aktionsraum verbliebenen Familien, zum anderen wurden sie in Ferienheime und Kinderferienlager volkseigener Betriebe aus der gesamten DDR umgewandelt. Die Versorgungseinrichtungen wurden auf den Bedarf der Nachbergbauzeit orientiert und blieben bis 1989 weitgehend erhalten.

Johanngeorgenstadt ist durch das Neben- und Nacheinander von Abriss und Neubau zur „dezentralen Stadt" ohne Zentrum geworden. Von den vier heute existierenden Siedlungsgebieten Neustadt, Obere Mittelstadt, Untere Mittelstadt und (Rest-) Altstadt erfüllt keines die Funktion eines Stadtzentrums. Die Erschließung des Stadtgebietes erfordert ein extensives Straßennetz, dessen Erhaltung kostspielig ist, insbesondere auch durch den in 700 bis 900 m Höhe erforderlichen aufwändigen Winterdienst.

Darüber hinaus hat die SDAG Wismut durch den Bergbau und die extensive Bebauung im Aktionsraum ohne Berücksichtigung von Grundstücksgrenzen und Eigentumsverhältnissen Fakten geschaffen, die heute ein äußerst vielschichtiges Eigentümer- und damit Interessengeflecht bedingen und die Umsetzung kommunaler Entwicklungsstrategien enorm erschweren.

Die Strukturschwächen des Aktionsraumes traten mit dem Zusammenbruch aller Großbetriebe nach der Wende infolge mangelnder Anpassungsfähigkeit an die marktwirtschaftlichen Erfordernisse zutage. Er ist heute durch eine Wirtschaftsstruktur mit einseitigem Branchenspektrum auf kleinbetrieblicher Basis gekennzeichnet. Über die Hälfte der 4 800 Beschäftigten im Untersuchungsgebiet sind im Dienstleistungsgewerbe tätig, in dem wiederum der Bereich Gesundheit/Soziales klar dominiert. Das Verarbeitende Gewerbe ist mit einem Beschäftigtenanteil von lediglich 20 % unterrepräsentiert und einseitig auf das Metallgewerbe und das Holzgewerbe ausgerichtet. Hinsichtlich des Arbeitsmarktes stellt sich das Gebiet um Johanngeorgenstadt als Teil eines größeren Problemraumes im Westerzgebirge dar, der Arbeitslosenquoten von 20 % und z. T. darüber aufweist.

Bei der Überwindung der Strukturschwäche kann nur in Ausnahmefällen an wirtschaftliche Traditionslinien angeknüpft werden, da diese überwiegend bereits in der Wismut-Zeit zerschlagen wurden. Neuansiedlungen größerer Unternehmen hat es im Aktionsraum nach 1989 nicht gegeben.

Das mangelhafte Arbeitsplatzangebot führt zu einem erhöhten Auspendeln und zum Wegzug insbesondere junger, qualifizierter Bevölkerungsgruppen. Neben einem weiteren Rückgang an Bevölkerung führt dieser Prozess zu einer sozialen Erosion, die sich selbstverstärkend auf die Abwanderungstendenzen auswirkt. Die hohe Arbeitslosenquote verbunden mit Resignation unter breiten Bevölkerungsteilen drohen zu dauerhaften Charakteristika des Aktionsraums zu werden.

Der Aktionsraum liegt unmittelbar an der EU-Außengrenze, die unverändert eine Wohlstandsgrenze mit allen bekannten Folgeerscheinungen darstellt (Billiglohnkonkurrenz, illegale Grenzübertritte, grenzüberschreitende Kriminalität). Hinsichtlich der Verkehrsanbindung ist für den Aktionsraum eine „Sackgassensituation" aufgrund des fehlenden Straßen-Grenzüberganges in Johanngeorgenstadt nach Tschechien kennzeichnend. Die Anbindung an die Bundesautobahn

A4 ist aufgrund der engen Ortsdurchfahrten in Aue, Lauter und Schwarzenberg unbefriedigend. Diese Situation wird nur partiell durch den spärlichen Personenverkehr auf der wenig attraktiven Bahnlinie Zwickau – Johanngeorgenstadt – Karlsbad gemildert, zumal der Gütertransport auf der Schiene derzeit keine Rolle spielt und von ortsansässigen Unternehmen nicht als Standortvorteil bewertet wird.

Zwischenfazit: Aufgrund dieser vielschichtigen und komplexen Problemlage würde das neue raumplanerische Instrument Sanierungs- und Entwicklungsgebiet nicht ausreichen, wenn sich die Umsetzung – wie im ROG vorgesehen – ausschließlich auf die Sanierung von Umweltschäden im Freiraum beschränken würde. Eine derartige Segmentierung und einseitige Betrachtung der Probleme erscheint weder sachlich zu rechtfertigen noch den regionalen Akteuren vermittelbar. Insofern wird bereits im Ergebnis der Problemanalyse deutlich, dass ein breiterer Handlungsansatz zu wählen ist, der die Sanierung von Umweltschäden mit Entwicklungsinitiativen verknüpft, die über die Attraktivitätssteigerung des Aktionsraumes zu einer strukturellen Aufwertung führen und in gleicher Weise Freiraum und Siedlungsraum betreffen.

4.1.2 Zur radiologischen Situation

Im Rahmen der Altlastenproblematik nehmen die radioaktiven Altlasten eine Sonderstellung ein. Diese ergibt sich einerseits aus sachlichen Gründen bei der Bewertung der Radioaktivität und zweitens aus der hohen Sensibilität der Öffentlichkeit gegenüber dem Thema. Die Bewertung der Umweltradioaktivität ist vor allem aus drei Gründen schwierig. Erstens kann ionisierende Strahlung zu Spätfolgen für die Gesundheit führen. In Tierversuchen wurden Folgen auf die kommenden Generationen teilweise nachgewiesen. Für den Mensch liegen diesbezüglich zu wenige ausreichende (zugängliche und auswertbare) Informationen vor. Die zweite Schwierigkeit resultiert daraus, dass bei der Umsetzung der Euratomrichtlinie, die neue Richtwerte für die Bewertung der Umweltradioaktiviät festsetzt, noch Klärungsbedarf besteht. Die dritte Schwierigkeit stellt – ähnlich wie bei konventionellen Altlasten – der Konflikt zwischen Wissenschaftlern auf der einen Seite und Planern auf der anderen Seite dar. Dieser resultiert aus der Wunschvorstellung der Planer nach objektiven Kriterien für Standortentscheidungen, die leicht handhabbar, nachvollziehbar und allgemeingültig sein sollen. Im vorliegenden Fall sind die natürlichen Wirkungszusammenhänge aber insgesamt zu komplex, um sie in trivialen ja/nein-Entscheidungsmustern abbilden zu können (z. B. bebaubare vs. nicht bebaubare Flächen).

Dazu kommt, dass die Sanierung von Hinterlassenschaften des Uranbergbaus in vergleichsweise dicht besiedelten Gebieten wie dem SEG Uranbergbau als Präzedenzfall anzusehen ist (Umweltbericht 1994 des Freistaates Sachsen, 270). Vom Bundesministerium für Umwelt, Naturschutz und Reaktorsicherheit wurde ein Altlastenkataster (ALASKA, 1993) für die ehemaligen Uranbergbaustandorte erstellt, dessen Ergebnisse die wichtigste Grundlage für die Bewertung der Umweltschäden im SEG Uranbergbau bilden, während der Durchführung des Modellvorhabens aber erst zum Teil vorlagen. Im Aktionsraum gibt es nach Auswertung der vorliegenden Daten insgesamt 876 in ALASKA erfasste Objekte, darunter 315 Stollen, Schürfe und Schächte, 494 Halden, 6 Erzverladestationen, 6 Aufbereitungsanlagen, 4 Industrielle Absetzanlagen und 51 sonstige Objekte (Tab. 2).

Tab. 2: Art und Anzahl der in der Datenbank ALASKA erfassten Objekte im Sanierungs- und Entwicklungsgebiet Uranbergbau (Entwurf: IÖR nach Datenbank ALASKA 1993)

Gemeinde	Stollen/ Schürfe/ Schächte	Halden	EVS	Anlagen	IAA	Sonstige	Summe
Antonsthal	27	37	-	-	-	3	67
Breitenbrunn	52	89	-	-	-	16	157
Erla	32	27	-	-	-	1	59
Erlabrunn	1	3	1	-	-	3	8
Johanngeorgenstadt	118	263	3	5	2	18	409
Pöhla	36	26	2	1	2	5	72
Raschau	11	11	-	-	-	3	25
Rittersgrün	38	38	-	-	-	2	78
Summe	315	494	6	6	4	51	876

(EVS = Erzverladestation; IAA = Industrielle Absetzanlage)

Die Auswirkungen der Umweltschäden auf die Flächennutzung sind vielfältig und räumlich außerordentlich differenziert. Während sich die unterirdischen Objekte (Stollen, Schächte) vor allem als Standsicherheitsrisiko auswirken, bestimmen die Halden, industriellen Aufbereitungsanlagen, Absetzanlagen und Erzverladestationen die radiologische Situation an der Erdoberfläche (Abb. 8).

Die Bewertung der in der Datenbank ALASKA erfassten Objekte nach der gemessenen Gamma-Ortsdosisleistung (ODL) ist der erste Schritt zu einem differenzierteren Verständnis für die Problemsituation. So zeigt sich, dass etwa ein Drittel der Objekte, für die Messwerte vorliegen, im Bereich der natürlichen ODL liegt, sodass sich keine Einschränkungen für die Flächennutzung ergeben. Etwa ein weiteres Drittel der Objekte weist eine darüber liegende Dosis auf, die von der Strahlenschutzkommission der Bundesrepublik als unbedenklich eingeschätzt wird. Allerdings ergeben sich für sensible Nutzungen dort Einschränkungen. Es verbleiben 236 Objekte mit noch höheren Werten, die als radiologisch relevant eingestuft wurden und für die sich erhebliche Nutzungseinschränkungen ergeben.

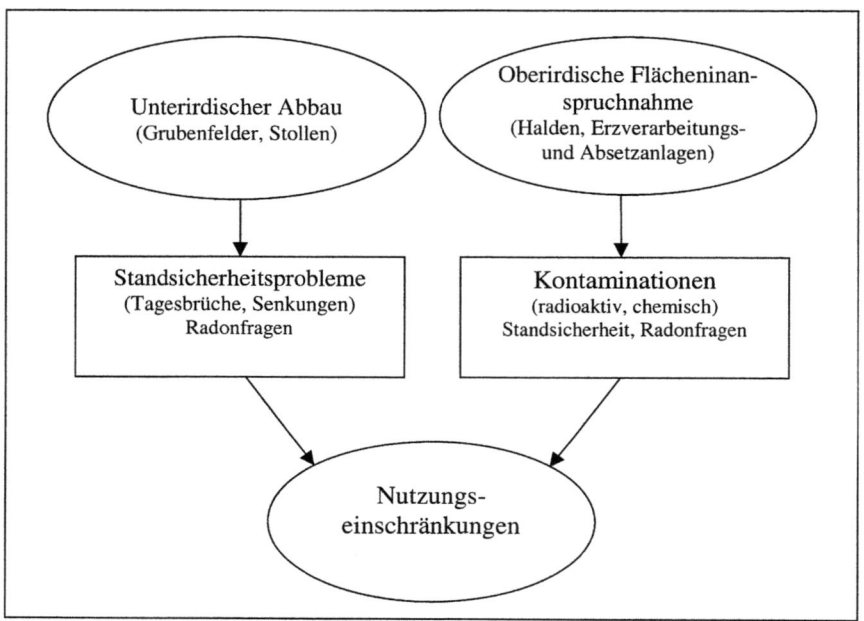

Abb. 8: Beeinträchtigungen der Flächennutzung im Sanierungs- und Entwicklungsgebiet Uranbergbau (IÖR 2000)

Am Beispiel der Bergbauhalden wird auch deutlich, wie unterschiedlich die Gemeinden des Aktionsraumes aus radiologischer Sicht betroffen sind (Abb. 9). Auffällig ist die überdurchschnittliche Betroffenheit von Johanngeorgenstadt. Dort befinden sich nicht nur die meisten und größten Halden; auch der Anteil kontaminierter Halden ist überdurchschnittlich groß und die Verzahnung von Siedlung und Haldenflächen tritt in dieser Weise nur in Johanngeorgenstadt auf.

Dadurch ist die Stadt in ihrer Entwicklung erheblich eingeschränkt, während in den anderen Gemeinden des Aktionsraumes zwar auch Sanierungsbedarf besteht, Nutzungsbeschränkungen aufgrund radioaktiver Kontaminationen dort aber nur punktuell auftreten.

Neben den Halden tragen vor allem die beiden industriellen Absetzanlagen in Johanngeorgenstadt zur flächenmäßigen Belastung bei. Sie liegen im Norden der Stadt und haben eine Größe von 8,8 bzw. 10,8 ha. Auf diesen Flächen befinden sich Ablagerungen von 1 000 000 bzw. 350 000 m³. Diese industriellen Absetzanlagen sind durch Dammhalden (Steinsee und Trockenbecken) gesichert. Ihre

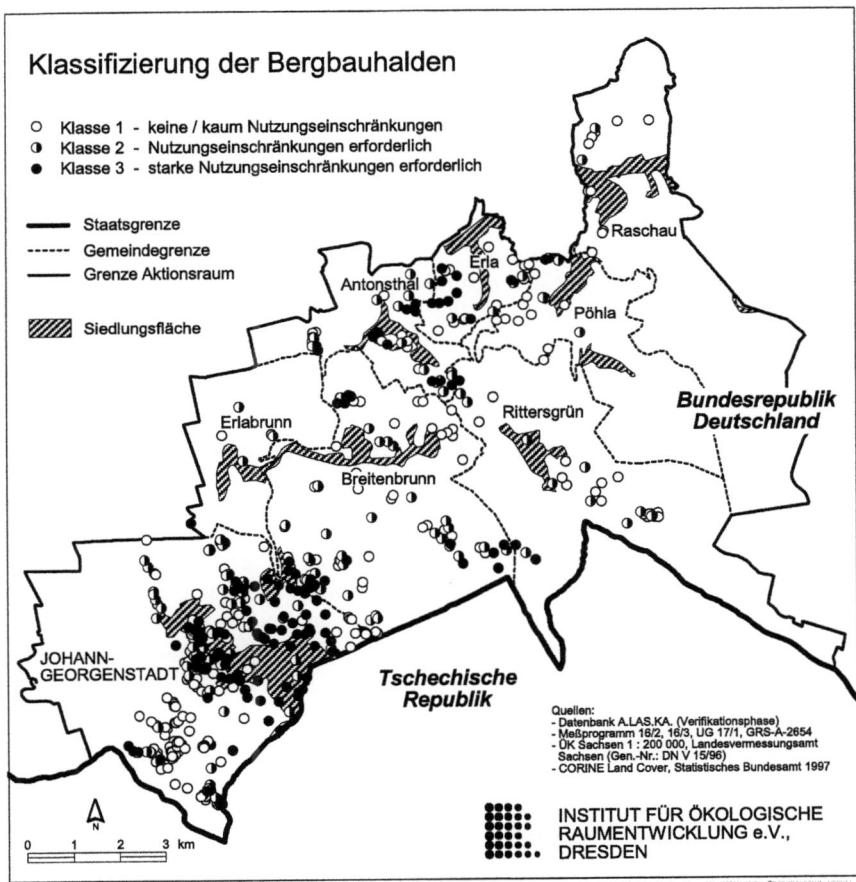

Abb. 9: Beeinträchtigungen der Flächennutzung durch radiologisch kontaminierte Bergbauhalden im Sanierungs- und Entwicklungsgebiet Uranbergbau (IÖR 2000 auf der Grundlage der Datenbank ALASKA)

Größe ist mit 10,9 bzw. 24,9 ha beeindruckend. Sowohl die Erzschlämme (Tailings) als auch das Haldenmaterial sind radioaktiv hoch kontaminiert. Die Sanierung läuft bereits und wird in den nächsten Jahren abgeschlossen.

Außer den Beeinträchtigungen durch feste radioaktive Stoffe treten im Aktionsraum auch hohe Radonbelastungen auf. In Bezug auf das radioaktive Edelgas Radon weist Rittersgrün aufgrund tektonischer Besonderheiten die höchste Belastung auf (Anomalie). Die Spitzenwerte übersteigen den Empfehlungswert für die sofortige Sanierung, der bei 15 000 Bq/m³ liegt, beträchtlich. Weiterhin sind im Bereich der ehemaligen Schächte und Stollen sehr hohe Radonkonzentrationen nachgewiesen worden (beispielsweise in der Altstadt von Johanngeorgenstadt).

Die Beschreibung der radiologischen Situation im Aktionsraum lässt in Bezug auf die Ausgestaltung des raumplanerischen Instruments vor allem zwei Befunde zu. Einerseits wird deutlich, dass die Beseitigung der Umweltschäden die Grundlage für zukünftige Entwicklungsvorhaben der betroffenen Gemeinden darstellt. Zweitens ist das von der MKRO vorgeschlagene „flexible und einzelfallbezogene Vorgehen" (MKRO 1996) sinnvoll, da die Umweltschäden sehr unterschiedlich verteilt sind und eine flächenhafte kostenaufwändige Sanierung von Halden, Stollen, Schächten usw. nur in bestimmten Fällen erforderlich ist.

4.1.3 Vergleichende Betrachtung der Uranbergbausanierung im Aktionsraum und in anderen Räumen

Um die Problemlage im Sanierungs- und Entwicklungsgebiet Uranbergbau auch vor dem Hintergrund von Alternativen bewerten zu können, ist es von Vorteil, Sanierungsansätze in anderen Ländern zu betrachten. In verschiedenen Ländern der Welt wurde und wird Uran gefördert, sodass zahlreiche Vergleichsmöglichkeiten existieren. Die Betrachtung der Organisation und des Ablaufes der Urangewinnung und der Bergbausanierung ermöglicht zunächst die Unterscheidung von vier Typen:

Typ 1:

Die Gewinnung des Urans erfolgt losgelöst von der Sanierung. Das betrifft besonders den zeitlichen Rahmen. Die Produktion ist längst stillgelegt bevor die Sanierung einsetzt. Diese wiederum wird dann von der öffentlichen Hand getragen und unterliegt deren Sachzwängen. Beispiele hierfür finden sich in den ehemaligen RGW-Staaten (Bulgarien, Ungarn, Tschechische Republik).

Typ 2 :

Unmittelbar an die Gewinnung schließt sich die Sanierung an. Diese wird ebenfalls von der öffentlichen Hand getragen. Ein Beispiel hierfür ist die Bergbausanierung durch die Wismut GmbH in den Standorten Schlema-Alberoda, Pöhla, Königstein, Dresden-Gittersee (Sachsen) und in Ostthüringen.

Typ 3:

Die Sanierung schließt sich unmittelbar an die Gewinnung an. Jedoch wird diese von den Betreibern (Urangewinnungsgesellschaften) getragen. Dazu verfügen diese Firmen über beträchtliche Rücklagen. Beispiele sind in den Vereinigten Staaten von Amerika, Kanada und Australien zu finden.

Typ 4:

Die Sanierung erfolgt während der Gewinnungsphase durch den Betreiber. Typisches Beispiel hierfür ist das halbstaatliche Bergbauunternehmen COGEMA in Frankreich.

Neben diesen Verfahrensunterschieden bestehen weitere Unterschiede zwischen den Staaten, die insbesondere den Sanierungsaufwand betreffen. Ursachen hierfür sind zum Einen die Geologie (Vererzungsform, Urangehalt) und die daraus abgeleitete Fördertechnologie, zum Anderen die Bevölkerungsdichte und die nationalen Rechtsnormen (Abb. 10). Im Rahmen von Sanierungsmaßnahmen in Uranbergbaugebieten nehmen wiederum die Kosten für die Sanierung der Aufbereitungsschlämme einen entscheidenden Teil ein. Aber auch die Sanierungsziele beeinflussen die Kosten. Je hochwertiger die Nachnutzung geplant ist, desto höher ist der spezifische Aufwand, der am Standort zu betreiben ist.

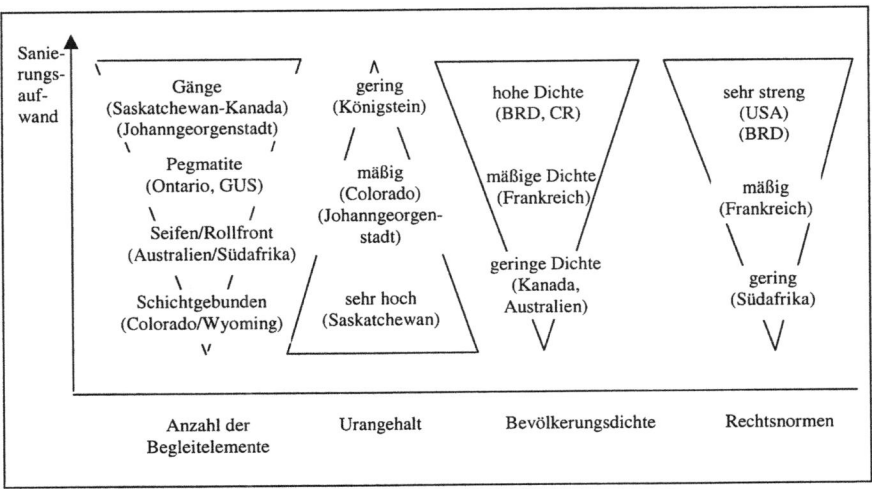

Abb. 10: Sanierungsaufwand in Uranbergbaugebieten in Abhängigkeit von ausgewählten Faktoren (IÖR/Dienemann 2000)

Ausgehend von den Rahmenbedingungen und den Sanierungszielen in ehemaligen Uranbergbaugebieten erscheinen hinsichtlich der Initiierung von Entwicklungsprozessen für die einzelnen Staaten folgende Annahmen realistisch (Auswahl):

Eine industrielle Nachnutzung steht bei den meisten Gewinnungsanlagen in Australien mit den Schutzinteressen der Ureinwohner (einschließlich deren Kultstätten) und der Nationalparks in Konkurrenz. Daher ist eine Entwicklung im Sinne von Revitalisierung nach der Sanierung nicht anzunehmen, zumal sich die Bergbauanlagen in extrem dünn besiedeltem oder unbesiedeltem Gebiet befinden.

Die Besitzverhältnisse der COGEMA (Frankreich) und deren halbstaatlicher Charakter führen dazu, dass sanierte Flächen bisher im Zuge der Umnutzung weiter als Betriebsflächen innerhalb der COGEMA genutzt werden. Da Produktion und Sanierung in der Hand einer (halb)staatlichen monopolistischen Firma liegen, haben andere Unternehmen, die neue Technologien entwickeln oder testen kaum Chancen auf Mitwirkung (Dudel 1999). Bezeichnend ist auch, dass in Frankreich bis in die 90er Jahre hinein wesentlich höhere effektive Strahlungsdosen erlaubt waren als in den anderen westlichen Förderländern.

In den MOE-Staaten sind aufwändigere Sanierungsstrategien aufgrund der hohen Kosten eher unwahrscheinlich, soweit sie nicht der unmittelbaren Gefahrenabwehr dienen. Grundsätzlich ist zu erwarten, dass die zunehmende internationale Zusammenarbeit Möglichkeiten für eine technologisch einfache Sanierung fördert. Das betrifft u. a. Unternehmen in der Tschechischen Republik und Slowenien.

In den Vereinigten Staaten und Kanada haben sich zahlreiche Unternehmen auf Sanierungsarbeiten spezialisiert. Die zunehmende Arbeitsteilung wird diesen Prozess vermutlich verstärken und lässt weitere Ausgliederungen aus den Minengesellschaften erwarten. Ein Zusammenhang zur Nachnutzung der Flächen ist in den dünn besiedelten Gebieten kaum zu erkennen. In den Afrikanischen Staaten ist ein Rückzug aus den Erschließungsgebieten am wahrscheinlichsten.

Aus dem internationalen Vergleich wird deutlich, dass sich die Optionen bei der Wiederherstellung zerstörter Natur zwischen einer kostenaufwändigen ingenieurtechnischen und einer sparsamen eingriffsarmen Sanierung bewegen (vgl. auch Dudel 1997, 3). Im Falle der Entscheidung für die flächenhafte ingenieurtechnische Sanierung im SEG Uranbergbau würde sich diese im mittleren bis oberen Bereich der Aufwandsskala bewegen (Abb. 10). Eine Low-Budget-Lösung, d. h. das Belassen der radiologisch relevanten Altlasten im vorliegenden Zustand, wie sie in unbesiedelten Räumen denkbar wäre, scheidet für den

Aktionsraum im zentralen Erzgebirge mit einer Einwohnerdichte von ca. 160 E/km² generell aus. Möglich erscheint aber eine Doppelstrategie: Auf der einen Seite werden Standorte ressourcen- und kostenaufwändig saniert, bei denen die Abwendung von Gefahren für die Gesundheit oder die Erschließung für dringende kommunale Entwicklungsmaßnahmen im Vordergrund steht. Auf der anderen Seite werden ressourcen- und kostensparende Verfahren dort angewendet, wo weder eine Gesundheitsgefährdung noch die Behinderung kommunaler Ziele zu befürchten ist. Im letzten Fall können Selbstorganisations- und Selbststabilisierungskräfte im Zuge der Natur genutzt werden (vgl. Dudel 1997, 5). Bei einem differenzierten Vorgehen in der hier dargestellten Weise wäre immer noch ein Sanierungsaufwand mittlerer Größenordnung zu leisten, der aber geringer sein kann als in den Gebieten, in denen die Wismut GmbH seit 1990 Sanierungsträger ist. Da die Sanierungsziele von den Nutzungszielen im jeweils konkreten Fall abhängen, das Maßnahmenprogramm der beteiligten Gemeinden aber noch nicht feststeht, konnte der Sanierungsumfang bislang nicht absolut bestimmt werden.

Der internationale Vergleich macht auch deutlich, dass in nahezu allen Uranbergbaugebieten der Welt der Staat Träger der Sanierung ist oder zumindest wesentlichen Anteil an der Durchführung von Sanierungsmaßnahmen hat. Insofern wäre die Abgabe der Problemlösung an die Gemeinden mit offenem Ausgang nicht dem Handlungsbedarf im SEG Uranbergbau angemessen.

Das staatliche Engagement auf die Festsetzung von SEG in Raumordnungsplänen zu beschränken wäre ebenso wenig ausreichend. Insofern erscheint der mit dem neuen Instrument SEG eingeschlagene Weg auch aus globaler Perspektive interessant, da vor dem Hintergrund der dichten Besiedelung technisch-technologische Fragen bei der Problemlösung zurücktreten, während konzeptionell-methodische Aspekte an Bedeutung gewinnen.

4.1.4 Unzureichende rechtliche Lösungen

Die Situation im Aktionsraum „Sanierungs- und Entwicklungsgebiet Uranbergbau" ist nicht nur durch eine komplizierte Problemlage gekennzeichnet. Darüber hinaus ist auch unübersehbar, dass verschiedene rechtliche Lösungen für die Probleme fehlen oder aber am Bedarf des Aktionsraumes vorbeigehen. Im Folgenden soll an zwei Beispielen verdeutlicht werden, wie gesetzliche Regelungen, die an sich auf die Bewältigung von Problemen des Typs, der auch im Aktionsraum auftritt, ausgerichtet sind, im Sanierungs- und Entwicklungsgebiet nicht greifen. Dies betrifft in besonderer Weise das Wismut-, aber auch das Altschuldenhilfegesetz.

Nach dem so genannten Wismut-Gesetz ist die Wismut GmbH zuständig für die Sanierung von Grundstücken, die zum 30.06.1990 der damaligen SDAG Wismut zugeordnet waren. Gerade im SEG Uranbergbau handelt es sich aber vorwiegend um Flächen, die sich zu diesem Zeitpunkt nicht mehr im Eigentum der SDAG Wismut befanden. Die Wismut hatte im Raum Johanngeorgenstadt ihre Tätigkeit bereits größtenteils in den 50er Jahren eingestellt. Danach wurden die Bergbauflächen von der Wismut unsaniert an den Rat des Bezirks übergeben.

Die betreffenden Grundstücke befanden sich daher zum Stichtag 30.06.1990 nicht mehr im Eigentum der SDAG Wismut und sind nach den Regelungen des Wismut-Gesetzes auch nicht in das Eigentum der Wismut GmbH übergegangen. Eine gesetzlich verbindliche und eindeutige Regelung, wer für die Sanierung von Flächen verantwortlich ist, die nicht in das Wismut-Gesetz fallen, existiert nicht. Es gibt zwar verschiedene Interpretationen und Auslegungen. Diese sind jedoch alle unverbindlich und haben bisher noch nicht zu einer endgültigen Lösung beigetragen.

Durch diese Regelungslücke entsteht eine Ungleichbehandlung der Gemeinden im SEG Uranbergbau gegenüber jenen, die bei ähnlicher Problemlage in den Regelungsbereich des Wismut-Gesetzes fallen. Zwar konnten die Gemeinden im Aktionsraum in den vergangenen Jahren für die Sanierung von Bergbauschäden auch Fördermittel verschiedener Ressorts nutzen; allerdings in geringerem Maße und mit mehr Aufwand. Außerdem mussten sie beträchtliche Eigenanteile aufbringen, die andere Gemeinden für Entwicklungsprojekte einsetzen können. Daraus resultiert ein erheblicher Entwicklungsnachteil für den Aktionsraum.

Sanierungsmaßnahmen durch das Ordnungsrecht (hier: strahlenschutzrechtliche Vorschriften) haben für die Entwicklung des Aktionsraumes nur marginale Bedeutung. Im Rahmen einer ordnungsrechtlichen Sanierung ist die zuständige Ordnungsbehörde zu einem Tätigwerden nur verpflichtet, wenn die so genannte „Gefahrenschwelle" – in diesem Fall der Richtwert – überschritten wird. Erst im Falle der Richtwertüberschreitung wird eine ordnungsrechtliche Pflicht zum Vorgehen gegen die Gefahr ausgelöst. Die radiologischen Werte der Bodenbelastung im Aktionsraum liegen jedoch überwiegend unterhalb der strahlenschutzrechtlichen Richtwerte und damit auch unterhalb der Gefahrenschwelle. Ein ordnungsrechtliches Vorgehen für die Sanierung der Schäden scheidet daher in den meisten Fällen aus.

Neben den kontaminierten Flächen stellen die städtebaulichen und wohnungswirtschaftlichen Schäden eine starke Belastung für die Kommunen dar. Der Wohnbestand, der in Rechtsträgerschaft der ehemaligen kommunalen Wohnungsverwaltung stand – dazu gehören neben den Wohneinheiten aus „Wismutzeiten" insbesondere auch die in den 80er Jahren errichteten Wohngebäude in Plattenbauweise in Johanngeorgenstadt – ist aufgrund des Einigungsvertrages auf die Gemeinde übergegangen. Mit diesem Eigentumsübergang sind auch die Schulden der Wohnungswirtschaft den Gemeinden übertragen worden (Altschulden). Ein Großteil der Wohnungen steht inzwischen leer. Die nicht mehr benötigten Wohnungen sollen abgerissen werden. Dieses vernünftige Ansinnen steht jedoch im Widerspruch zum Altschuldenhilfegesetz (AHG), das zwar Teilentlastungen und Zinshilfe für die mit den Altschulden belasteten Kommunen vorsieht; Zielsetzung des Gesetzes ist aber vorrangig die Modernisierung und Privatisierung der vorgefundenen Gebäude, nicht deren Rückbau. So ist die Inanspruchnahme der Teilentlastungen daran geknüpft, dass 15 % des Wohnbestandes innerhalb von 10 Jahren vorrangig an Mieter zu veräußern sind. Das AHG ist also für andere Fälle konzipiert als sich im Aktionsraum vorfinden lassen.

Neben der Regelungslücke in Fragen der Altlastensanierung wird im Fall des Altschuldenhilfegesetzes bereits ein Problem angerissen, welches über den Aktionsraum hinaus zunehmend Bedeutung erlangen kann. Es handelt sich um die Frage, ob die derzeitigen Instrumente der Raumordnung, aber auch der Fachressorts, geeignet und ausreichend sind, um in Räumen mit andauernden Schrumpfungstendenzen realistische Entwicklungsszenarios zu bestimmen und zu begleiten. Die Beantwortung dieser Fragestellung erscheint für die Problembewältigung in vielen Regionen insbesondere Ostdeutschlands aber auch im gesamten Bundesgebiet von erheblicher Bedeutung und erfordert vertiefende wissenschaftliche Untersuchungen.

4.2 Zusammenarbeit im Aktionsraum

4.2.1 Strukturen der Zusammenarbeit

Die interkommunale Kooperation der Gemeinden des Aktionsraumes bildet die Grundlage für die Initiierung eines selbsttragenden Entwicklungsprozesses. Durch Zusammenarbeit mit den regionalen Körperschaften, die grenzübergreifende Kooperation mit den Nachbargemeinden in der Tschechischen Republik und die Einbeziehung von Unternehmen, Vereinen und engagierten Privatpersonen in der Region wird angestrebt, die Kompetenzen im Aktionsraum zu bündeln und die Handlungsspielräume zu vergrößern.

Im Verlauf des Modellvorhabens wurden bereits bestehende Strukturen aufgegriffen, erweitert und entsprechend aktueller Erfordernisse modifiziert. So war der Lenkungsausschuss schon im Frühjahr 1997 auf der Basis einer Zweckvereinbarung der beteiligten Gemeinden zur interkommunalen Zusammenarbeit gebildet worden. Den Vorsitz hält der Bürgermeister von Johanngeorgenstadt inne. Sein Stellvertreter ist der Bürgermeister von Breitenbrunn. Neben den anderen Bürgermeistern der beteiligten Gemeinden waren zunächst das Landratsamt Aue-Schwarzenberg (meist vertreten durch das Amt für Raumordnung und Wirtschaftsförderung), der Regionale Planungsverband Südwestsachsen sowie die Stiftung Innovation und Arbeit Sachsen im Lenkungsausschuss vertreten. Die Sitzungen fanden anfangs im monatlichen Turnus statt. Entsprechend des von Beginn an verfolgten Regionalmanagementansatzes, der die Bildung von Promotoren- und Expertengruppen vorsieht, wurden Arbeitsgruppen gebildet. Diese arbeiteten – fachlich unterstützt durch das IÖR und externe Experten – dem Lenkungsausschuss (Promotorengruppe) in speziellen Aufgabenbereichen zu. Dabei wurden in den Arbeitsgruppen fachliche Handlungskataloge aufgestellt, die im Lenkungsausschuss zusammengefasst, beraten und beschlossen wurden.

Um die Umsetzung der von den Arbeitsgruppen vorgeschlagenen prioritären Maßnahmen besser vorantreiben zu können, wurden die Kooperationsgremien im Aktionsraum nach der ersten Projektphase modifiziert. Dies betraf in erster Linie die Einbindung externer Promotoren in den Lenkungsausschuss sowie die Einführung einer Bürgermeisterrunde (Abb. 11).

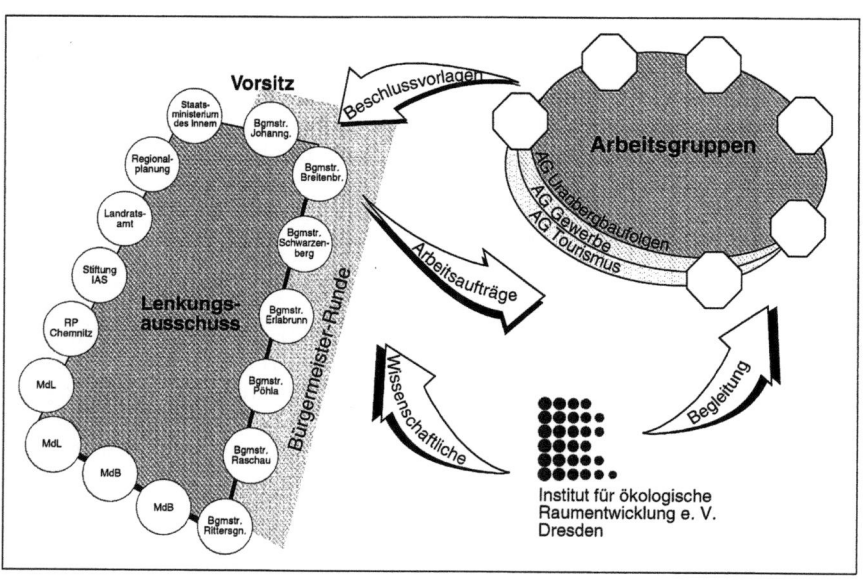

Abb. 11: Kooperationsstrukturen im Sanierungs- und Entwicklungsgebiet Uranbergbau (IÖR 1999)

Im Lenkungsausschuss sind seither neben den Bürgermeistern verstärkt externe Promotoren vertreten. So wurden die Bundes- und Landtagsabgeordneten (jeweils zwei) der Region sowie ein Vertreter des Regierungspräsidiums Chemnitz in den Lenkungsausschuss aufgenommen. Der Lenkungsausschuss beschließt über vorliegende Maßnahmen- und Handlungskonzepte, definiert Tätigkeitsfelder der Kooperation und koordiniert die Tätigkeit der Arbeitsgruppen. Darüber hinaus fungiert er als gemeinsames Sprachrohr des Aktionsraumes nach außen. Er tagt jetzt in wesentlich größeren Abständen (2 bis 3 Sitzungen/Jahr) zur Verabschiedung von Beschlüssen. Das Sitzungsmanagement, das im Verlauf des Modellvorhabens in den Händen des IÖR lag, wurde in der letzten Phase des Vorhabens an die Regionale Planungsstelle Südwestsachsen übergeben.

Die Bürgermeisterrunde ist ein informelles Gremium der Bürgermeister des Aktionsraums. Sie tagt in kleineren Abständen (sechswöchig bis zweimonatlich). Die Bürgermeisterrunde koordiniert die Zusammenarbeit der einzelnen Gemeinden und bildet ein Forum des Informations- und Meinungsaustauschs zwischen den Bürgermeistern des Aktionsraums.

Die Arbeitsgruppen haben zu den Schwerpunktthemen „Tourismus", „Gewerbeentwicklung" und „Uranbergbaufolgen" im monatlichen bis sechswöchigen Zyklus getagt. Sie wurden während des gesamten Vorhabens durch das IÖR fachlich sowie im Sinne eines Sitzungsmanagements begleitet. Aufgaben der Arbeitsgruppen war es, fachliche Zielkonzepte und Maßnahmenkataloge zu erstellen und diese zur Abstimmung an den Lenkungsausschuss bzw. die Bürgermeisterrunde zu übergeben.

4.2.2 Öffentlichkeitsarbeit und Bürgerwettbewerb

Der komplexe Ansatz des Projekts sowie sein umsetzungsorientierter Charakter verlangten von Beginn an eine akteursorientierte Vorgehensweise bei der Durchführung. Diskursive Verfahren und die Einbeziehung der breiten Öffentlichkeit erwiesen sich als notwendig für den Erfolg des Modellvorhabens. Neben der Integration regionaler Akteure in die Kooperationsstrukturen entstand ein enger Kontakt zur Presse, wodurch die Öffentlichkeit in gewissen Abständen über den Fortgang der Arbeiten am Modellvorhaben informiert wurde.

Die regionale Presse engagierte sich zudem stark bei der Initiierung und Begleitung eines Ideenwettbewerbs zum Thema „Meine Idee für meine Heimat – Erzgebirge" im Jahr 1998 (Abb. 12).

Abb. 12: Werbeplakat für den Ideenwettbewerb im Sanierungs- und Entwicklungsgebiet Uranbergbau (Freie Presse Chemnitz)

Dieser von zahlreichen Unternehmen der Region finanziell unterstützte Wettbewerb wurde vom Lenkungsausschuss ins Leben gerufen, da die Bürgermeister davon ausgingen, dass die vorhandenen Probleme nur mit den Einwohnern gemeinsam gelöst werden können. In einem gemeinsamen Aufruf zum Start des Wettbewerbes forderten sie über die Presse und die Amtsblätter die Bürgerinnen und Bürger ihrer Kommunen auf, Vorschläge zur Stärkung der Region in die bestehende Kooperation einzubringen. Eine Jury aus Vertretern der Kommunen wählte auf der Grundlage von drei Kriterien (Bedeutsamkeit für die Region, Kreativität der Idee – Innovationswert und Umsetzbarkeit – Praxisbezug) die besten Ideen zur Prämierung aus. Obwohl die auflagenstärkste Regionalzeitung „Freie Presse" in einer Sommeraktion regelmäßig über den Inhalt der eingegangenen Vorschläge berichtete, um eine breit angelegte Diskussion über die Zukunft der Region zu fördern, blieb die Resonanz seitens der Bürgerinnen und Bürger relativ schwach. Insgesamt wurden nur 13 Einsendungen verzeichnet, deren Inhalte den Kommunalvertretern zudem überwiegend bekannt waren. Das Beispiel verdeutlicht, wie schwierig es ist, bei der Umsetzung regionaler Konzepte eine breite Mitwirkung der Bevölkerung zu erreichen.

Neben dem Ideenwettbewerb stellten die gemeinsame Projektpräsentation auf der Regionalmesse ERGEBA in Schwarzenberg sowie die Regionalkonferenz „Sanierungs- und Entwicklungsgebiet Uranbergbau – Chancen und Grenzen eines Modellvorhabens der Raumordnung" mit über einhundert Teilnehmern wichtige Beiträge zur Einbeziehung einer breiteren Öffentlichkeit dar.

4.2.3 Externe Kooperation

Neben einer möglichst engen horizontalen Kooperation mit transparenten Strukturen und unter Einbeziehung der Öffentlichkeit erfordert die Problemlösung im Aktionsraum eine intensive Zusammenarbeit mit übergeordneten Handlungsebenen (vertikale Kooperation). Der Lenkungsausschuss, aber auch die Arbeitsgruppen, bieten gute Chancen für die Einbeziehung externer Partner in ein integriertes Sanierungs- und Entwicklungskonzept, wenn die Mitglieder der Gremien als Schlüsselpersonen in einem übergreifenden Netzwerk agieren (Abb. 13).

Dies betrifft zunächst die Vertreter der verschiedenen Verwaltungsebenen (Landratsamt, Regierungspräsidium und Oberste Landesplanungsbehörde), die in den jeweiligen Institutionen wichtige Koordinationsfunktionen erfüllen können. Das Vorhandensein fester Ansprechpartner für den Aktionsraum führt zu effizienteren Kommunikationswegen. So nimmt im Regierungspräsidium Chemnitz der Abteilungsleiter für Raumordnung, Bau- und Wohnungswesen die Koordinationsfunktion für das Sanierungs- und Entwicklungsgebiet Uranbergbau wahr. Bei Bedarf informiert er die Vertreter anderer Ressorts über Anliegen der Gremien des Aktionsraumes und vermittelt Gesprächspartner.

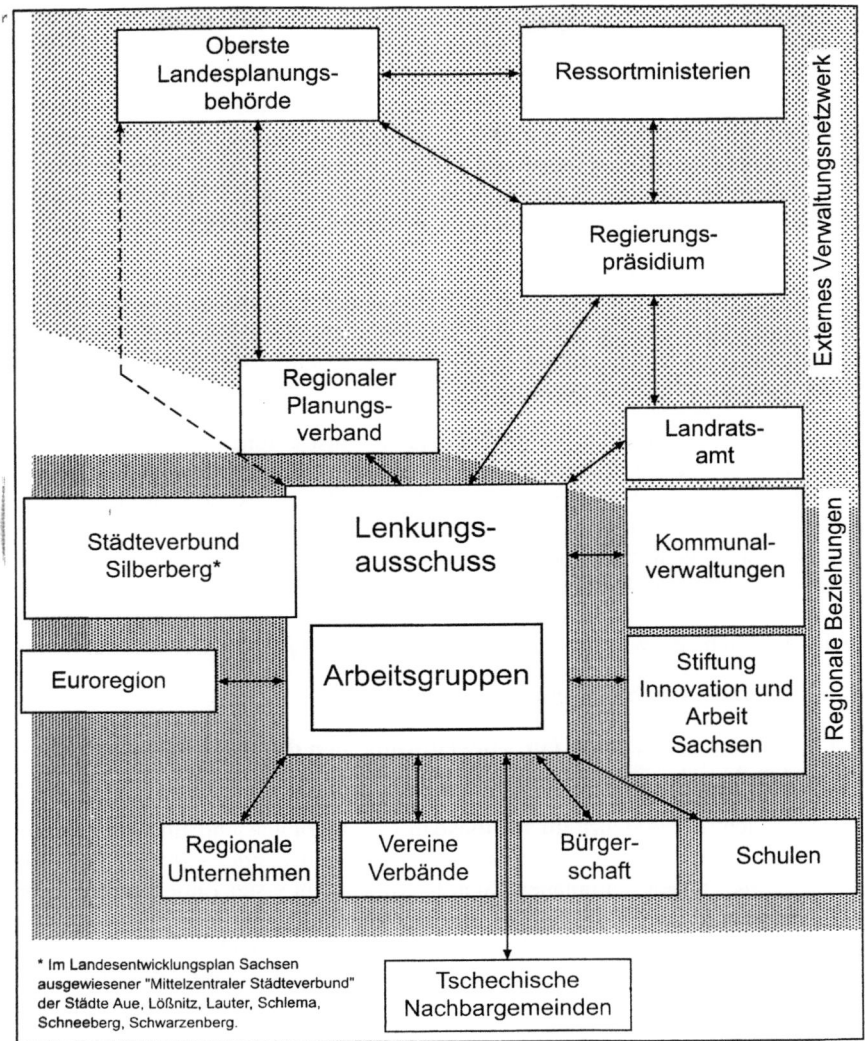

Abb. 13: Institutionelles Netzwerk im Sanierungs- und Entwicklungsgebiet Uranbergbau (IÖR 2000)

Seitens der Sächsischen Staatsregierung engagierten sich neben dem Staatsministerium für Umwelt und Landwirtschaft das Staatsministerium für Wirtschaft und Arbeit sowie das Staatsministerium des Inneren im Aktionsraum. Zur besseren Abstimmung der Einzelaktivitäten innerhalb der Staatsregierung war zunächst vorgesehen, eine bereits für zwei andere Aktionsräume eingerichtete interministerielle Arbeitsgruppe (IMAG) mit zu nutzen. Durch die Aufnahme in die von der Sächsischen Staatsregierung ausgewiesenen „Gebiete mit besonderen Entwicklungsaufgaben" wurde inzwischen ein anderer Weg bevorzugt.

Außerdem agierten die Standortentwicklungsgesellschaft Johanngeorgenstadt und die Stiftung für Innovation und Arbeit Sachsen im Unternehmensbereich im Sinne eines Networkings. So gelang die Einbindung des Aktionsraums in regionale Initiativen wie den „Erzgebirgischen Holzverbund" oder das EXPO-Projekt „Euroregionales Nahverkehrssystem".

Diese Anknüpfungspunkte an großräumigere Entwicklungsallianzen und -prozesse müssen auch in Zukunft ein Hauptaugenmerk der Akteure im Sanierungs- und Entwicklungsgebiet Uranbergbau bleiben, da der Aktionsraum allein zu klein ist, um im Sinne einer eigenständigen Region wirksam agieren zu können und als solche wahrgenommen zu werden. Der erreichte Stand der institutionellen Netzwerkbildung lässt es möglich erscheinen, dieses Ziel zu erreichen, wenn die Akteure den auch durch die gebildeten Gremien, das bestehende Netzwerk und die erreichten Zwischenergebnisse vorgezeichneten Weg weiter beschreiten.

4.3 Inhaltliche Schwerpunkte

4.3.1 Auseinandersetzung mit Umweltproblemen durch kooperatives Handeln?

Aus der Sicht der Akteure im Aktionsraum „Sanierungs- und Entwicklungsgebiet Uranbergbau" ist die Initiative der Bundes- und Landesregierung zur Ausweisung eines neuen raumplanerischen Instruments in erster Linie eine Reaktion auf die bisherige Vernachlässigung der durch die Hinterlassenschaften der Vergangenheit benachteiligten Region. Gleichzeitig wird berechtigt darauf verwiesen, dass gegenüber den in der Sanierungspflicht der Wismut GmbH stehenden Gebieten (insbesondere Schlema im selben Landkreis) eine Ungleichbehandlung erfolgt, die seitens des Bundes als auch seitens des Landes ein Eingreifen erfordern würde. Die Akzeptanz des Ansatzes durch die Akteure der Region ist insofern weniger auf die Bereitschaft zur Auseinandersetzung mit Umweltproblemen zurückzuführen als auf den massiven Bedarf an Problemlösungen unterschiedlichster Art.

Bereits bei der Aufstellung des regionalen Leitbildes in der Anfangsphase der Kooperation wurde deutlich, dass die Wünsche der Beteiligten klar in Richtung konkreter Entwicklungsmaßnahmen tendierten, die teils im Überlappungsbereich zu Sanierungsaufgaben, zum großen Teil aber völlig unabhängig davon angesiedelt sind. Als „Uranbergbaufolgen" wurden von Anfang an weniger die unmittelbaren Folgen wie Halden, Schächte, Absetzanlagen definiert, sondern eher die im Gefolge des Bergbaus entstandenen städtebaulichen, wirtschaftlichen und infrastrukturellen Deformationen. Dieses Herangehen ist insofern nachvollziehbar, da die landschaftlichen Veränderungen nach ca. 40 Jahren nur noch bedingt wahrnehmbar sind (Modellierung, Abdeckung und Aufforstung von Halden), während die mittelbaren Probleme über die DDR-Zeit hinweg konserviert wurden und nun die Problemkulisse bilden. Insofern unterscheidet sich die Problemlage im Sanierungs- und Entwicklungsgebiet Uranbergbau gegenüber jener in Räumen, in denen die Umweltprobleme bis in die 1980er Jahre reproduziert wurden. Das geringe Interesse der Akteure an Umweltfragen ist daher zunächst auf die Übermächtigkeit der aktuellen Strukturprobleme, die zwar ursächlich zum großen Teil mit dem Uranbergbau der 40er/50er Jahre zusammenhängen, sachlich aber heute nicht mehr in Zusammenhang mit dieser historischen Episode beseitigt werden können, zurückzuführen.

Dies hat auch Auswirkungen auf den mentalen Umgang mit den Bergbaufolgeproblemen. Da bereits „Gras über die Sache" gewachsen ist und akute Gefährdungen durch Halden für die Bevölkerung nicht bestehen, erscheint den meisten Akteuren eine öffentliche Debatte zur Strahlenproblematik wenig sinnvoll. Die episodisch auftretende, kampagnenartige Medienberichterstattung über Uran-Themen wird als sehr problematisch angesehen. Ihr soll dadurch begegnet werden, dass möglichst keine Angriffspunkte geliefert werden. Infolgedessen ist eine starke Zurückhaltung bei der Auseinandersetzung mit den Uranbergbaufolgen festzustellen, in der sich die Sorge um die Verschlechterung des regionalen Images widerspiegelt. Immer wieder findet sich dabei auch der Bezug zum Tourismus, der als Entwicklungsfaktor gesehen wird und stark vom Image der Region abhängt.

Die mentalen Barrieren bei der Auseinandersetzung mit dem Thema spielten bei der Gründung der AG Uranbergbaufolgen eine wichtige Rolle. Über Sinn und Zweck dieses Gremiums wurde lange debattiert, u. a. auch aufgrund der Befürchtung, die AG könne die radiologische Situation überbetonen. Insofern hat die Bildung der AG den regionalen Diskurs bereits durch die Erkenntnis befruchtet, dass eine offensivere Auseinandersetzung mit dem Uran-Image nützlich sein kann, wenn Projekte des Aktionsraumes durch die Begleitung der Arbeitsgruppe im Hinblick auf mögliche Risiken geprüft und in der Umsetzung vorangebracht werden können. Wie die Tätigkeit der AG bewiesen hat, ist es tatsächlich zu einer Trendwende in Bezug auf die Diskussionsbereitschaft regionaler Schlüsselakteure gekommen, zumal die einbezogenen externen Experten selbst großes Interesse an der Entwicklungsabsichten der Region gezeigt haben und sich erste Teilerfolge bereits in der ersten Sitzung abzeichneten.

Zusammenfassend erscheint die Projektebene als geeignet, die Auseinandersetzung mit Umweltproblemen besser in Gang zu setzen. Der Ansatz im SEG Uranbergbau ist für ein solches Vorgehen günstig, da der damit verbundene Lernprozess der Akteure kollektiv vonstatten gehen und innerhalb des Aktionsraumes auch auf Vertrauensbasis erfolgen kann, da keiner der Akteure Interesse an der Verschlechterung des regionalen Images hat.

4.3.2 Stellung der Akteure zum neuen Instrument

Obwohl sich die Schlüsselakteure des überschaubaren Aktionsraumes in der Mehrzahl bereits vor Beginn des Projektes kannten, war der kooperative Ansatz für die meisten Beteiligten sowohl neu als auch ungewohnt und wurde zunächst einerseits abwartend skeptisch, andererseits aber auch interessiert verfolgt. Von Vorteil erwies sich dabei die Tatsache, dass parallel zum Projektbeginn der vom Bundesamt für Bauwesen und Raumordnung organisierte Wettbewerb „Regionen der Zukunft" anlief und der Wille bestand, sich in diesen Wettbewerb einzubringen. Auch wenn die Bewerbung schließlich nicht zum gewünschten Erfolg führte, fand dadurch doch eine verstärkte Auseinandersetzung mit raumplanerischen Leitbildern statt.

Parallel dazu bot der Regionalmanagementansatz einen Einstieg in die regionale Kooperation, der den beteiligten Akteuren zunächst wenig Verpflichtungen auferlegte, sodass selbst im Falle des Scheiterns der Kooperation das Risiko für die Beteiligten gering geblieben und weder finanzieller noch politischer Schaden zu erwarten gewesen wäre. Gleichzeitig bestand für die Akteure die Möglichkeit, den „Lernprozess" zu nutzen, um sich über die Gremien in den Prozess einzubringen. Wie sich gezeigt hat, haben im vorliegenden Fall nicht alle Akteure in gleicher Intensität an diesem Prozess teilgenommen. Trotz diverser Konflikte ist aber auch keiner aus der Kooperation ausgeschieden. Vielmehr hat sich die Zusammenarbeit zu einem System aus Themenangeboten und -nachfragen entwickelt, sodass die Beteiligung interessenabhängig erfolgen konnte, was der unterschiedlichen Interessenlage der Gemeinden entgegenkam.

Wurden die Nutzenkalküle einzelner Gemeinden zu Beginn der Kooperation in den Hintergrund gedrängt, so gewannen sie sukzessive im Projektverlauf an Bedeutung und konnten auch zunehmend an Meinungsäußerungen und Reaktionen abgelesen werden. Zweifel am Sinn der Kooperation war insofern programmiert, da es sich beim Aktionsraum nicht um eine traditionelle „Region" handelt, sondern einen planerisch konstruierten Raum. Relativ schnell wurde auch klar, dass es sich um einen inhomogenen Aktionsraum sowohl in struktureller Hinsicht als auch in Bezug auf die Ambitionen der Akteure handelt. Es ist zu unterstellen, dass die Gebietskulisse des Aktionsraumes bei freier Wahl der Partner anders ausgesehen hätte. Ungeachtet dessen hätte es für die Gemeinden zur Kooperationsofferte der Landesregierung keine andere Alternative als den Alleingang der Gemeinden gegeben.

Obwohl sich die Kooperation im Verlaufe des ersten Projektjahres stabilisierte und mit dem ersten Workshop im Herbst 1998 beträchtliche Resonanz erzielt wurde, stellten sich danach die ersten Verschleißerscheinungen ein, die sich hauptsächlich in Form von Unzufriedenheit gegenüber der schleppenden Abstimmung umsetzungsfähiger Einzelvorhaben äußerte. Damit schien es so, dass der für die Gemeinden attraktivste Anreiz des neuen Instruments, zur „zeitnahen" Umsetzung von Projekten zu gelangen, sich nicht einstellte. Auch das zunächst relativ schwache Interesse der Fachverwaltungen, auf Ansätze aus dem SEG einzugehen, die Hürden bei der Akquirierung von Fördermitteln und empirische Analysen, die die geringen Potenziale des Aktionsraumes offenlegten, trugen zur Unzufriedenheit unter den lokalen Akteuren bei.

Durch eine Reihe organisatorischer und konzeptioneller Maßnahmen von außen konnten dem Projekt daraufhin wieder Impulse vermittelt werden, sodass die Bereitschaft der Akteure zur Mitwirkung an der Kooperation deutlich anstieg. Unter den eingeschränkten Handlungsspielräumen der Gemeinden im Sanierungs- und Entwicklungsgebiet Uranbergbau überwog schließlich die Bereitschaft der Akteure, den Ansatz mitzutragen. Letztlich haben alle beteiligten Gemeinden des Aktionsraums das Interesse an der weiteren Zusammenarbeit über die Unterstützung in der Start- und Orientierungsphase des Vorhabens hinaus bekundet. Nicht unerheblich hat dazu beigetragen, dass für den Aktionsraum im Rahmen von Bund-Länder-Verhandlungen eine Gesamtlösung zur Sanierung der Altlasten in Vorbereitung ist. Vor diesem Hintergrund wird das Modellvorhaben von den meisten Akteuren als Erfolg empfunden.

4.3.3 Zur internen Bewertung von Projekten und Strategien

Da das neue raumplanerische Instrument berechtigt auf eine flexible und einzelfallbezogene Vorgehensweise bei der Behebung von Umweltschäden und der Schaffung neuer Handlungsoptionen setzt, macht sich die Bewertung von Projekten und Strategien erforderlich. Hierzu reicht das im Handlungskonzept des Aktionsraumes enthaltene Leitbild nicht aus. Es orientiert zwar darauf, dass die Auswahl von Projekten schwerpunktorientiert vorgenommen werden soll. Zur Effizienz von Sanierungs- und Entwicklungsmaßnahmen werden aber noch keine Kriterien festgelegt. Vorrangig sollten jene Entwicklungsprojekte gefördert werden, bei denen der Sanierungsaufwand gering und das Aufwand-Nutzen-Verhältnis günstig ist. Um dieser Anforderung gerecht werden zu können, ist die Schaffung geeigneter Instrumente erforderlich. Im Sanierungs- und Entwicklungsgebiet Uranbergbau hat die Arbeitsgruppe Uranbergbaufolgen die Gemeinden im beschriebenen Sinne einzelfallbezogen beraten und Empfehlungen zum Umgang mit radiologischen Altlasten ausgesprochen. Hauptziel dieser AG war es, dem Aktionsraum Entwicklungsmöglichkeiten zu eröffnen, indem das vorhandene Expertenwissen (Radiologie/Strahlenschutz, Arsen/Schwermetalle, Bergbaubelastungen aus Altbergbau und Uranbergbau, Bergschäden, Rekultivierung und Sanierung, Sanierungskonzeption der Wismut GmbH) zusammengeführt wurde. Für die Gemeinden war diese Herangehensweise deshalb attraktiv, da Zeit und Kosten gespart und die Planungssicherheit verbessert werden konnten.

Neben dem projektbezogenen Ansatz der AG Uranbergbaufolgen stellte die Erarbeitung einer **Methodik zur Bewertung und zum planerischen Umgang mit den Umweltschäden** einen Schwerpunkt der wissenschaftlichen Begleitung dar. Damit wurde deutlich über die projektbezogene Perspektive hinausgegangen und den Gemeinden ein konzeptionelles Instrument zur Verfügung gestellt. Der methodische Ansatz beruht auf einem dreistufigen Modell, das sich am Ebenen-Konzept der Raumplanung orientiert (Tab. 3).

Tab. 3: Ebenen der planerischen Bewertung von Umweltschäden im Sanierungs- und Entwicklungsgebiet Uranbergbau (Entwurf: IÖR)

Maßstab	Planungsebene	Raumbezug
1 : 100 000	Regionalplan	gesamter Aktionsraum
1 : 20 000	Flächennutzungsplan	Gemeindegebiet
1 : 1 000	Bebauungsplan	Ortsteil, Quartier

In einer ersten Ebene, die als fachlicher Beitrag für die Regionalplanung vorgesehen ist, werden die radiologisch relevanten Objekte in einem Maßstab von 1 : 100 000 abgebildet (CD-ROM: Abb. II/25). Die Karte zeigt übersichtsartig, wie die Bergbauhalden räumlich verteilt sind, wo sich Objekte mit starken Nutzungseinschränkungen konzentrieren und wo Siedlungsflächen betroffen sind. Diese relativ grobe Darstellung soll dazu dienen, Sanierungsschwerpunkte zu definieren, Förderprioritäten zu setzen und Gebiete für genauere Untersuchungen abzugrenzen. Für die Beurteilung konkreter Zusammenhänge zwischen der Lage von Halden und der Siedlungs- und Landschaftsentwicklung ist diese Darstellungsebene aber nicht ausreichend.

In der zweiten Ebene, die für die Flächennutzungsplanung relevant ist (Maßstab 1 : 25 000), können die radiologischen Gefahrenstellen in Beziehung zur Topographie dargestellt werden. Im Beispiel erfolgt dies anhand des Stadtgebietes von Johanngeorgenstadt (Abb. 14; farbig siehe CD-ROM: Abb. II/26). Die Karte zeigt, dass sich das Grubenfeld der Wismut fast unter der gesamten Stadt erstreckt. Weiterhin ist erkennbar, dass sich die rot gekennzeichneten Flächen, die die Haldenklasse 3 darstellen, die Stadt fast einschließen und an einigen

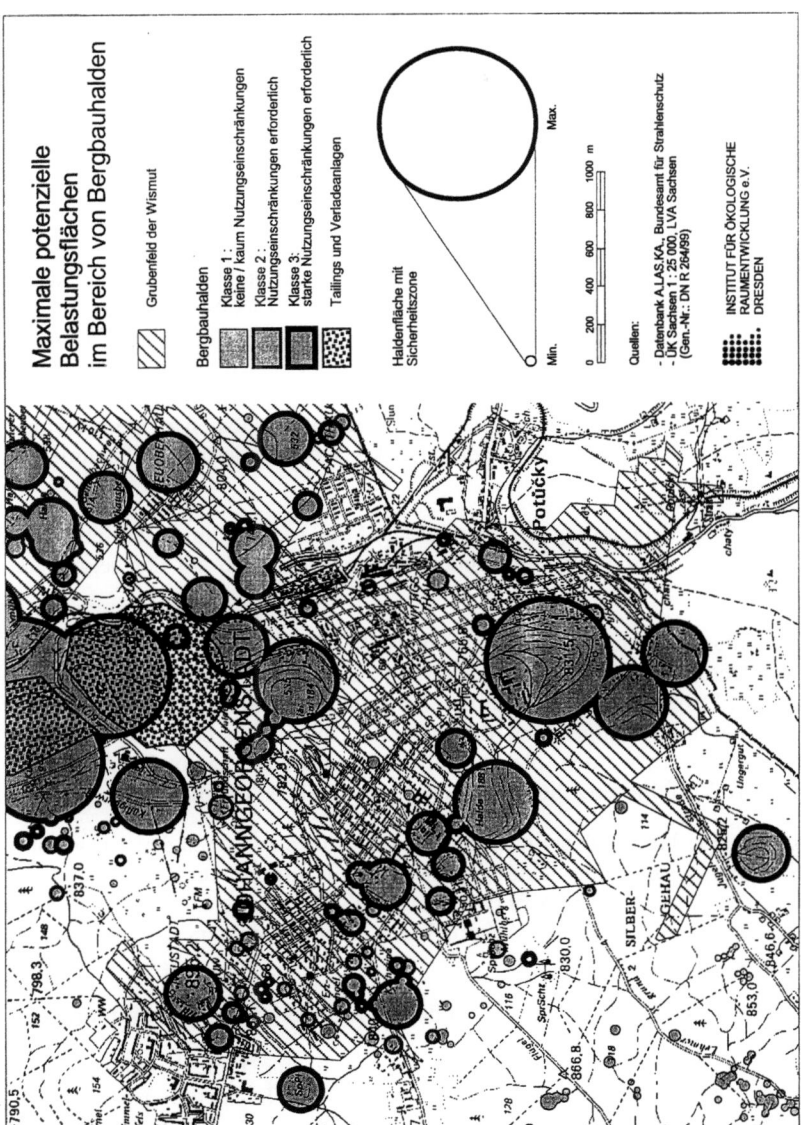

Abb. 14: Beeinträchtigung der Flächennutzung durch radiologisch kontaminierte Bergbauhalden im Stadtgebiet Johanngeorgenstadt (IÖR 2000 auf der Datenbank ALASKA)

Stellen sogar in bebaute Areale hineinreichen. Mit Hilfe solcher Darstellungen können die betroffenen Kommunen kontaminierte Flächen im Flächennutzungsplan kennzeichnen (§ 5 Abs. 3 Nr. 3 BauGB), Entscheidungen treffen, welche Gebiete für Entwicklungsvorhaben vorzusehen und wo demnach Sanierungsmaßnahmen zu planen sind. Außerdem können weiterführende Untersuchungen eingeleitet werden, ob die Siedlungsgebiete, die sich in der Nähe oder sogar innerhalb von potenziellen Gefährdungsflächen befinden, tatsächlich betroffen sind.

Die dritte Ebene schließlich ist für Bebauungspläne der Gemeinden relevant (Maßstab 1 : 1000). Auch hier wird wieder ein Beispiel aus Johanngeorgenstadt verwendet: der Bereich „Lager 3" und „Lager 5" im Bahnhofsgelände, wo in den 1940/50er Jahren die Erzverladung erfolgte (CD-ROM: Abb. II/27). Die Karte zeigt die Bodenkontaminationen im Umfeld der Lagergebäude. Deutlich wird am Beispiel auch, wie nah sich kontaminierte Flächen an den Gleisanlagen und am Empfangsgebäude des Bahnhofs befinden. Mit Hilfe dieser Darstellung ist es möglich, die kontaminierten Flächen in Bebauungsplänen zu kennzeichnen (§ 9 Abs. 5 Nr. 3 BauGB), vor allem aber konkrete Sanierungsmaßnahmen zu planen.

Eine detaillierte Erläuterung der Methode und der Auswirkungen der einzelnen Belastungskategorien auf die Flächennutzung befindet sich auf der beigelegten CD-ROM.

Diese Methodik kann zwar die gutachterliche Untersuchung von Standorten nicht ersetzen, stellt aber eine Orientierung im Vorfeld von Planungsentscheidungen dar. Dabei wurde Wert auf die Tatsache gelegt, dass für die Mitarbeiter der Gemeindeverwaltungen und die von den Gemeinden beauftragten Planer Aussagen getroffen werden, die sowohl einfach als auch nachvollziehbar sind. Eine weitere Verfeinerung dieses Bewertungsmodells ist möglich.

Die vorliegende Methodik stellt demnach eine Brücke zwischen der Ausweisung von Sanierungs- und Entwicklungsgebieten in Raumordnungsplänen und der kooperativen Umsetzung von Entwicklungsmaßnahmen im konkreten Aktionsraum dar. Sie ist insofern auch Ausdruck des Hybridcharakters des neuen raumordnerischen Instruments.

4.3.4 Stand der Kooperation und Rolle der Landes- und Regionalplanung

Sanierungs- und Entwicklungsgebiete sind durch eine hohe Komplexität der Problemlagen und eine Vielzahl der in entsprechende Kooperationsprozesse involvierten Akteure charakterisiert. Eine erfolgreiche Problembewältigung lässt sich nur durch ein breit gespanntes Netz horizontaler und vertikaler Kooperation erreichen, in dem der Landes- und der Regionalplanung jeweils unterschiedliche Aufgaben zukommen.

Der Aufbau und die Etablierung von Netzwerkstrukturen im Sanierungs- und Entwicklungsgebiet Uranbergbau ist ein langwieriger Prozess. Angesichts des Problemstaus im Aktionsraum fand dieser Aspekt bei den kommunalen Akteuren nicht immer die erforderliche Akzeptanz. Die im Vorfeld des Modellvorhabens in Aussicht gestellte rasche Problemlösung führte eher zur Ungeduld unter den Beteiligten. Erst in der zweiten Projektphase wurden Erfolge erzielt, die mit einer verstärkten Wahrnehmung der besonderen Problemlage des Untersuchungsgebiets im politischen Umfeld einherging. So gelang es beispielsweise, ausgelöst durch Initiativen der politischen Mandatsträger, über den Staatsminister für den Aufbau Ost das Bundeskanzleramt und das Bundesumweltministerium in die Suche nach Problemlösungen zu integrieren. Angesichts dessen scheint der Weg der Stabilisierung und weiteren Verdichtung des aufgebauten Netzwerkes eine gangbare Strategie für die Umsetzung der Entwicklungsziele der Gemeinden im Aktionsraum zu sein.

Dies trifft umso mehr zu, als bei externen Partnern im Zuge der Bearbeitung des Modellvorhabens „Sanierungs- und Entwicklungsgebiet Uranbergbau" verstärkt Problembewusstsein entstand. Insgesamt kann der Entwicklungsstand der Kooperation zwischen den Gemeinden im Sanierungs- und Entwicklungsgebiet Uranbergbau in Anlehnung an andere Erfahrungen auch als „Testphase" bezeichnet werden (Müller, Beyer 1999, 240 ff.). Diese Testphase interkommunaler Kooperation ist u. a. dadurch gekennzeichnet, dass über den Nettonutzen kooperativer Handlungsstrategien bei den beteiligten Kommunen noch Unsicherheit besteht. Diese Unsicherheit wird durch mehrere Einflussfaktoren verursacht.

So sind Ansätze einer erfolgreichen Bündelung von Fördermitteln zur Finanzierung von Sanierungs- und Entwicklungsvorhaben zwar erkennbar. Bisher ist es jedoch erst in wenigen Fällen gelungen, Ressortfördermittel für Projekte im Aktionsraum zu binden. Daher werden – obwohl durchaus Erfolge bei der Lösung von Finanzierungsproblemen im Aktionsraum zu erkennen sind – die Wirkungen des raumordnerischen Instrumentes „Sanierungs- und Entwicklungsgebiet" von den Gemeinden als noch nicht ausreichend empfunden. Probleme bei der Koordinierung von Fördermitteln ergaben sich u. a. aus fehlenden Erfahrungen der zuständigen Fachressorts mit dem Instrument „Sanierungs- und Entwicklungsgebiet". Auch fehlen den behördlichen Bearbeitern Handlungsspielräume, um Förderprogramme auf besondere Problemlagen des Aktionsraumes anwenden zu können.

Zusammenfassend ist festzustellen, dass die interkommunale Kooperation im Sanierungs- und Entwicklungsgebiet Uranbergbau nicht reibungsfrei verlief. Die auftretenden Probleme waren und sind vielgestaltig. Dennoch entstanden im Verlauf von drei Jahren relativ stabile Strukturen, die einen kollektiven Lernprozess ermöglichen und befördern.

Bei ihren Kooperationsanstrengungen werden die beteiligten Gemeinden auch weiterhin von der Landesentwicklung begleitet und unterstützt, bis sich im Aktionsraum selbsttragende Strukturen etabliert haben. Für diese Begleitung erscheint die Regionalplanung besonders geeignet, da sie in das Projekt bereits involviert ist und die örtlichen Gegebenheiten kennt. Zudem kann durch eine stärkere Einbindung in Managementfunktionen die neue Rolle der Regionalplanung modellhaft erprobt werden. In diesem Zusammenhang übernimmt die Regionalplanung sukzessive Aufgaben der Koordinierung und Moderation, die während der Laufzeit des Modellvorhabens vom Institut für ökologische Raumentwicklung realisiert wurden. Auf diese Weise soll eine Fortführung der Kooperationsbemühungen im Modellraum weiter abgesichert werden, um perspektivisch über die Etablierung einer regionalen Entwicklungsagentur selbsttragende Strukturen zu schaffen. Die sächsische Landesentwicklung erhofft sich einen Vorbildcharakter dieser Anstrengungen, der für andere Kooperationsräume nutzbar gemacht werden könnte.

Im Ergebnis des Modellvorhabens SEG Uranbergbau kann festgestellt werden, dass die Raumordnung im Freistaat Sachsen sowohl auf Landes- als auch auf regionaler Ebene durch ein verstärktes Engagement in handlungs- und akteursbezogenen Projekten Aufmerksamkeit anderer Ressorts gebunden hat und für die Akteure „vor Ort" einen beachteten Kooperationspartner darstellt. Es bleibt allerdings die Frage offen, ob sich an diesem Beispiel bereits eine generelle Tendenz ableiten lässt. Besonders problematisch erscheinen die strukturellen Voraussetzungen der Regionalplanung für ein Engagement, wie es im Modellvorhaben vorhanden ist, bei einer – raumplanerisch gewünschten – Vielzahl an Kooperationsräumen. Auch in Bezug auf diese Problematik erweist sich der Ansatz zeitlich befristeter Aktionsräume als möglicher Ausweg.

4.4 Perspektiven der Fallstudienregion

4.4.1 Inhaltliche Perspektiven

Die bisherigen Ergebnisse der Kooperation im Untersuchungsraum haben gezeigt, wie schwierig ein Sanierungs- und Entwicklungsprozess in Gang zu setzen ist, der sich primär auf die eigenen Kräfte des Aktionsraums stützt. Gleichwohl bzw. gerade in Anbetracht der Schwierigkeiten, die vor der Erwartung auf schnelle Verbesserungen warnen, haben sich die Gemeinden im Aktionsraum entschlossen, den eingeschlagenen Weg weiter zu gehen.

Sie betrachten dabei die folgenden Handlungsfelder als **Schwerpunkte der Kooperation** und als Hauptinhalte einer nachhaltigen Regionalentwicklung:

- Beseitigung der Bergbauschäden,
- gute Verkehrserschließung,

- differenzierte und ausgewogene Wirtschaftsstruktur,
- Regionalisierung von Stoff- und Energieströmen,
- Stärkung des Fremdenverkehrs,
- bedarfsgerechte Sanierung und Modernisierung von Wohnraum sowie
- Sicherung von Mindeststandards der Infrastrukturversorgung.

Bei der gemeinsamen Umsetzung ihrer Ziele wollen sich die Gemeinden im Sanierungs- und Entwicklungsgebiet auf drei **Entwicklungskorridore** orientieren, in denen die gebietseigenen Potenziale der Region widergespiegelt sind und deren Aufgreifen als besonders erfolgversprechend erscheint:

a) Gewerbeentwicklung durch überregionale und grenzüberschreitende Zusammenarbeit

Unter den schwierigen Bedingungen der peripheren Lage ist es von besonderer Bedeutung, die vorhandenen Betriebe im produzierenden sowie im Dienstleistungssektor zu stabilisieren. Dies soll durch eine aktive Bestandspflege erfolgen, die ein Geschäftsfeld der zu gründenden regionalen Entwicklungsagentur bildet. Darüber hinaus wird das Erschließen von Marktnischen, aufbauend auf einem breiten Potenzial an gut ausgebildeten Arbeitskräften und die Wiederbelebung traditioneller Gewerbe (z. B. Holzverarbeitung) verfolgt. Weitere Initiativen knüpfen an die effiziente Ausnutzung einheimischer Rohstoffe (in Kooperation mit tschechischen Nachbarn) an. Für den wirtschaftlichen Aufschwung erweist sich die Einbindung in überregionale Unternehmensnetzwerke als unabdingbar, da die endogenen Potenziale des Aktionsraums allein nicht ausreichen.

b) Kompetenzregion Gesundheit/Rehabilitation

Bei der Betreuung alter Menschen bzw. von Personen mit speziellen Behinderungen erweist sich die Akzeptanz in der Bevölkerung gegenüber Behinderten als eine Stärke und Entwicklungschance der Region. Da bereits Einrichtungen dieser Branche und ambitionierte Betreiber vorhanden sind, werden die Kompetenzen auf dem Gebiet der Gesundheitsvorsorge und Rehabilitation gebündelt und weiterentwickelt. Vor diesem Hintergrund stellt die Umnutzung von ehemaligen Wismutliegenschaften zu sozialen Zentren der Betreuung und Weiterbildung eine wichtige Entwicklungsstrategie für die beteiligten Gemeinden dar. Entsprechende Initiativen müssen aber untereinander vernetzt werden, um Synergieeffekte erzielen zu können und von außen besser wahrgenommen zu werden.

c) Wohnumfeldverbesserung und Rückbau

Neben der Umnutzung von Gebäuden wird das Hauptaugenmerk der Gemeinden in den kommenden Jahren auf dem abgestimmten Rückbau von ehemaligen Wohngebäuden und Dienstleistungseinrichtungen der SDAG Wismut liegen. Dies dient der weiteren Verbesserung der Wohn- und Arbeitsverhältnisse und führt zu einer Imageverbesserung. Weitere Projekte müssen auf die Beseitigung der unmittelbaren Bergbauschäden (Halden, Tagesbrüche) – insbesondere in Johanngeorgenstadt – gerichtet sein. Maßnahmen der Umnutzung und des Rückbaus sind möglichst mit Entwicklungsprojekten zu verknüpfen, die an vorhandenen Initiativen und Potenzialen ansetzen und diese unterstützen.

Diese Entwicklungskorridore sind durch ein **Maßnahmenprogramm** untersetzt, das neben den von den Arbeitsgruppen bereits priorisierten eine Reihe weiterer Vorschläge enthält. Der zu gründenden Regionalagentur kommt in diesem Zusammenhang eine Doppelfunktion zu, wenn der begonnene Kooperationsansatz fortgeführt werden soll: einerseits als zentrales Projekt des Aktionsraumes und andererseits als Multiplikator bei der Entwicklung und Umsetzung weiterer Projekte.

Die Annahme, dass die Sanierung von Umweltschäden zu technischen und technologischen Innovationen und zur Gründung von entsprechenden Unternehmen führt, kann für das SEG Uranbergbau bisher nicht bestätigt werden. Im Wesentlichen sind diese Unternehmen in den Städten am Erzgebirgsrand (Zwickau, Chemnitz, Freiberg) angesiedelt und sie agieren in einem größeren, z. T. internationalen Umfeld. Außerdem lagen die Schwerpunkte der Umweltsanierung bisher in jenen Gebieten, in denen die Wismut GmbH schon seit mehreren Jahren Sanierungsträger ist, sodass Neuerungen am ehesten dort zu erwarten sind. Allerdings ist auch im Falle der Nachsanierung im SEG Uranbergbau kaum mit der Gründung innovativer Sanierungsunternehmen in dem kleinen und peripher gelegenen Aktionsraum zu rechnen, zumal die erforderlichen Kapazitäten sowohl für die Erkundung als auch für die Sanierung radioaktiver Altlasten vorhanden sind und der Know-how-Vorteil der in der Umgebung etablierten und seit Jahren im Aktionsraum tätigen Unternehmen nur schwer aufzuholen sein dürfte.

4.4.2 Perspektiven der Finanzierung

Bei der Formulierung von Strategien zur Finanzierung von Sanierungs- und Entwicklungsvorhaben im Aktionsraum sind sowohl Lösungsbeiträge der Gemeinden wie auch übergemeindlicher Akteure, vor allem auf Bundes- und Landesebene, von Bedeutung. Dabei gilt es jedoch zu berücksichtigen, dass Gemeinden als „schwächstes Glied" im Fiskalföderalismus der Bundesrepublik Deutschland angesehen werden können (vgl. Postlep u. a. 1999, 9). Darüber hinaus ist zu bedenken, dass die Steuerkraft ostdeutscher Gemeinden im Allgemeinen und der Kommunen im Aktionsraum im Besonderen schwach ist. Die Stadt Johanngeorgenstadt konnte im Jahr 1997 lediglich 336,- DM an Steuereinnahmen je Einwohner erzielen. Im Vergleich dazu erzielten die ostdeutschen Gemeinden durchschnittlich 557,- DM/EW, die westdeutschen sogar 1 327,- DM/EW. Der Finanzausgleichspolitik des Freistaates Sachsen kommt deshalb für die Erfüllung kommunaler Aufgaben im Aktionsraum auch mittelfristig ein hoher Stellenwert zu (vgl. Karrenberg u. a. 1999, 201 ff.).

Diese Ausgangsüberlegungen führen zur Folgerung, dass mittels eines stärkeren finanziellen Engagements übergemeindlicher Akteure ein entscheidender Beitrag zur Stärkung der Kooperationsbeziehung geleistet werden könnte. Bei den folgenden Überlegungen zu kurz- und mittelfristigen Handlungsmöglichkeiten werden deshalb auch Lösungsansätze berücksichtigt, für deren Realisierung durch übergemeindliche Akteure *zusätzliche* Budgetmittel für den Aktionsraum bereitzustellen sind (vgl. Tab. 4).

Tab. 4: Finanzierungsmöglichkeiten von Sanierungs- und Entwicklungsvorhaben (Entwurf: IÖR)

Kurzfristige Handlungsstrategie	Mittelfristige Handlungsstrategie
(1) Beiträge der Gemeinden	(1) Beiträge der Gemeinden
– Gemeinsame Erfüllung kommunaler Aufgaben („Größenvorteile")	– Verwaltungsmodernisierung der einzelnen Kommunen
– Gemeinsame Förderstrategie („Information und Abstimmung")	– Gemeinsame Modernisierung der Kommunalverwaltung
(2) Beiträge übergemeindlicher Akteure	(2) Beiträge übergemeindlicher Akteure
– Beratung der Gemeinden bei der Formulierung der Förderstrategie	– Verteilung zusätzlicher Budgetmittel über FR-Regio *oder* Einrichtung eines „Regionalfonds"
– Entlastung von Eigenanteilen bei Sanierungs- und ggf. Gewährung von Spitzenfördersätzen bei Entwicklungsvorhaben	– Änderung des Wismut-Gesetzes oder vergleichbare Sonderlösung

Für eine kurzfristig realisierbare Lösung von Finanzierungsproblemen im gesamten Aktionsraum kommt es primär auf die Bereitschaft der Gemeinden zu kooperativen Problemlösungen an. Dabei sind vor allem zwei Ansätze von Bedeutung: Zum einen die Nutzung von Größenvorteilen durch die kooperative Erfüllung von Aufgaben, die bisher von einzelnen Gemeinden selbständig erfüllt wurden, und zum anderen die Formulierung einer gemeinsamen Entwicklungs- und Förderstrategie.

Da der Beitrag der Gemeinden im Aktionsraum zur kurzfristigen Problemlösung begrenzt ist, sind Lösungsbeiträge auf übergemeindlicher Ebene notwendig. Über die bereits erzielten bescheidenen Erfolge bei der Bündelung und Abstimmung von Fachförderprogrammen des Freistaates Sachsen hinaus könnten weitere Erfolge durch Beratungsleistungen bei der Formulierung einer gemeinsamen Förderstrategie der Gemeinden und durch modifizierte Förderprogramme erreicht werden. Das Ziel dieser übergemeindlichen Lösungsansätze wäre, die Relevanz des raumordnerischen Instruments „Sanierungs- und Entwicklungsgebiet" bei der Vergabe sektoraler Fördermittel zu erhöhen. Dies wäre vorrangig Aufgabe einer integrierten Landesentwicklungspolitik.

Mittelfristig bietet sich angesichts der Problemsituation im Aktionsraum ein Rückbau von Siedlungsteilen an. Siedlungsrückbau würde sich u. a. in geringeren Kosten bei der Straßenreinigung, -instandhaltung und beim Winterdienst auswirken. Voraussetzung für die Aktivierung von Kosteneinsparungen durch Rückbau ist die Einrichtung moderner Managementtechniken bei den Gemeinden, z. B. die Durchführung von Wirtschaftlichkeitsbetrachtungen bei der Planung von Rückbaumaßnahmen und die Einrichtung einer Kosten- und Leistungsrechnung bei der Maßnahmenplanung und Vorhabendurchführung. Im Allgemeinen sind von einer Verwaltungsmodernisierung mittelfristig realisierbare Beiträge zur Konsolidierung der Kommunalhaushalte zu erwarten, was die finanziellen Handlungsspielräume der Gemeinden im Aktionsraum vergrößern würde.

Sanierungs- und Entwicklungsgebiete sind in allen ihren Raumfunktionen erheblich geschädigt oder doch zumindest beeinträchtigt (vgl. MKRO 1996). Um unter diesen Voraussetzungen zu einer umfassenden Problemlösung zu gelangen, müssen mittelfristig erhebliche Anstrengungen seitens der gemeindlichen und übergemeindlichen Akteure unternommen werden. Wenn sich die kurzfristige Strategie als nicht ausreichend erweist, was im Folgenden unterstellt wird, stellt sich vor allem die Frage, ob durch zusätzliche Budgetmittel des Freistaates Sachsen oder des Bundes ein Beitrag zur Stabilisierung und Weiterentwicklung der interkommunalen Kooperation im Aktionsraum geleistet werden kann. Zusätzliche Budgetmittel können alternativ auf der Basis eines Fonds der Raumordnung oder noch besser auf der Grundlage eines speziell für den Aktionsraum eingerichteten „Regionalfonds" vergeben werden. Unabhängig davon stellt sich die Frage, welche Möglichkeiten für eine Änderung des Wismut-Gesetzes oder eine vergleichbare Sonderlösung bestehen.

4.4.3 Perspektiven für die Fortsetzung der Zusammenarbeit

Die Gemeinden im Sanierungs- und Entwicklungsgebiet Uranbergbau haben sich entschlossen, gemeinsam Strategien zu entwickeln, um die negativen Folgen der Wismut-Epoche zu überwinden und Maßnahmen umzusetzen, die die Lebensqualität erhöhen und mittelfristig die sozialen und wirtschaftlichen Ansprüche an den Raum mit seinen ökologischen Funktionen in Einklang bringen.

Dabei bietet der erreichte Stand der regionalen Zusammenarbeit eine gute Ausgangsposition für die Fortführung der Kooperation:

Mit dem Lenkungsausschuss, der Bürgermeisterrunde und den Arbeitsgruppen sind Organisationseinheiten entstanden, deren Aufgaben klar definiert sind und die zielgerichtet agieren. Der Lenkungsausschuss als Promotorengremium hat im Verlauf der Zusammenarbeit an politischem Gewicht gewonnen, sodass das Konzept des Aktionsraums überregionale Beachtung erfahren hat. Die Arbeitsgruppen sind durch Hinzuziehung externer Experten zu Einsichten gelangt, die deutlich über den Stand zu Beginn der Kooperation hinausreichen und konnten zum Finden erster Problemlösungen beitragen.

Die Oberste Landesplanungsbehörde des Freistaates Sachsen betrachtet das Modellvorhaben als Pilotprojekt einer aktiven Landesplanungspolitik. Für grundlegende Fragestellungen und Problemlösungen steht ein Mitarbeiter der Abteilung Landesentwicklung im Sächsischen Staatsministerium des Innern persönlich als Ansprechpartner zur Verfügung.

Die vertikale Kooperation zwischen dem Aktionsraum und übergeordneten Handlungsebenen hat im Verlauf des Modellvorhabens zugenommen. Beim Regierungspräsidium Chemnitz gibt es feste Ansprechpartner für die Akteure des Aktionsraums, um prioritäre Projekte abzustimmen. Durch die Stiftung Innovation und Arbeit Sachsen und die Standortentwicklungsgesellschaft Johanngeorgenstadt wurden Kontakte zu überregionalen Netzwerken der Wirtschaft hergestellt. Die grenzüberschreitende Zusammenarbeit mit den benachbarten Gemeinden in der Tschechischen Republik erfolgt über den Lenkungsausschuss.

Die inhaltlichen Fortschritte bei der Überwindung der Uranbergbaufolgen und bei der Schaffung neuer Perspektiven sind bisher trotz der Erfolge beim Aufbau und der Weiterentwicklung der Kooperationsstrukturen und der erfolgten Einbindung in überregionale Strukturen hingegen eher bescheiden. Die Umsetzung inhaltlicher Ziele ist zum großen Teil auf Engpässe bei der Finanzierung von Maßnahmen und Projekten zurückzuführen. Der in Sanierungs- und Entwicklungsgebieten vorgesehene Ansatz der Bündelung öffentlicher Mittel in Problemschwerpunkten, der Modifizierung fachlicher Förderprogramme, der zusätzlichen Einwerbung von Fördermitteln und der Schaffung eines Fonds der Raumordnung zur Initiierungs- und Spitzenfinanzierung ist zwar richtig, wird aber dem Bedarf im Sanierungs- und Entwicklungsgebiet Uranbergbau nicht gerecht. Insofern sind zusätzliche Finanzierungsinstrumente zu diskutieren, unter denen die Sanierung nach dem Wismutgesetz und die befristete Bereitstellung eines regionalen Entwicklungsfonds am sinnvollsten erscheinen.

Insgesamt stehen somit den – von den beteiligten Gemeinden beeinflussbaren – Fortschritten beim Aufbau und bei der Weiterentwicklung der regionalen Kooperation Defizite gegenüber, die von den Gemeinden im Aktionsraum nicht oder nur schwer beeinflusst werden können. Der Erfolg des Modellvorhabens besteht also nicht darin, dass die Probleme des Aktionsraumes bereits durch die Kooperation gelöst worden wären, sondern dass die realen Perspektiven aufgezeigt und Strukturen zu ihrer Umsetzung geschaffen worden sind.

Die Weiterführung der Kooperation bedarf aufgrund der noch nicht überwundenen Schwächen der Erfolgssicherung. Dahingehend werden zwei Maßnahmen vorgeschlagen: Zunächst ist es ratsam, den begonnenen Ansatz durch Moderation der Regionalen Planungsstelle solange weiter zu begleiten, bis eine innerregionale Institution diese Aufgabe übernehmen kann. Gleichzeitig wird die Gründung einer Regionalen Entwicklungsagentur vorbereitet, deren Aufgabe darin besteht, das regionale Management zum gegebenen Zeitpunkt in die eigenen Hände zu nehmen. Damit wird die Gründung der Regionalagentur zu einem Schlüsselprojekt im Sanierungs- und Entwicklungsgebiet Uranbergbau.

Aufgrund der Tatsache, dass die konzeptionellen Voraussetzungen für die erfolgreiche Fortsetzung der Kooperation geschaffen sind, die organisatorischen und finanziellen Grundlagen zum großen Teil aber als von den Akteuren schwer zu beeinflussende Rahmenbedingungen wirken, werden die Hauptaufgaben der Agentur darin bestehen, die Rolle des Aktionsraumes im Rahmen regionaler und überregionaler Entwicklungsanstrengungen zu stärken und staatliche Unterstützungsmaßnahmen auf Schwerpunkte der Sanierung und Entwicklung zu lenken. Erst wenn dadurch das endogene Entwicklungspotenzial im Sanierungs- und Entwicklungsgebiet Uranbergbau so weit stabilisiert worden ist, dass sich die Entwicklung von innen trägt, und die Entwicklungsnachteile gegenüber anderen Räumen reduziert sind, ist der Rückzug des Staates aus der „Fürsorgepflicht" möglich, wenn das Ziel der Schaffung gleichwertiger Lebensverhältnisse erreicht werden soll.

5 Empfehlungen zur Ausgestaltung des neuen raumordnerischen Instruments

Im abschließenden Teil werden Empfehlungen zur Ausgestaltung des neuen Instruments „Sanierungs- und Entwicklungsgebiet" gegeben. Ihre Herleitung erfolgt anhand der wichtigsten Ergebnisse des Forschungsvorhabens. Diese sind:

- die sachlichen, institutionellen und rechtlichen Grundlagen für die Einführung des neuen raumordnerischen Instruments,

- die theoretische Diskussion, die am Vorschlag der MKRO-ad-hoc-AG, den darüber hinausgehenden Interpretationen des Bundesamtes für Bauwesen und Raumordnung, den rechtlichen Regelungen im Raumordnungsgesetz sowie einigen Landesplanungsgesetzen der deutschen Bundesländer und der Umsetzung des Instruments in den sächsischen Raumordnungsplänen anknüpft, sowie

- die empirischen Befunde im Sanierungs- und Entwicklungsgebiet Uranbergbau, die im Rahmen der zweieinhalbjährigen wissenschaftlichen Begleitforschung gewonnen wurden.

In Anbetracht der nachfolgenden Empfehlungen kann das neue raumordnerische Instrument Sanierungs- und Entwicklungsgebiete die Lösung gravierender Umweltprobleme beschleunigen. Sanierungs- und Entwicklungsgebiete im hier beschriebenen Verständnis sind ein Beitrag zu einer akteurs-, prozess- und handlungsorientierten Raumentwicklung und können in diesem Sinne auch als Prototyp für Verfahrensinnovationen innerhalb der Raumordnung angesehen werden. Besonders durch die Zusammenführung von Ordnungs-, Entwicklungs- und Anreizfunktionen erhalten SEG einen Zuschnitt, der sie deutlich von konventionellen Instrumenten unterscheidet, die alternativ entweder eine Ordnungsaufgabe (Gebietskategorien, Zentrale Orte und Achsen, Vorrang- und Vorbehaltsgebiete) oder eine Entwicklungsaufgabe (Regionale Entwicklungskonzepte) erfüllen sollen. Grundsätzlich ist den Bundesländern deshalb zu empfehlen, das Instrument Sanierungs- und Entwicklungsgebiete in Landesrecht umzusetzen.

Diese Empfehlung stützt sich auf die Faktoren,

- dass es Räume gibt, in denen Umweltschäden die herausragende Ursache für Entwicklungsrückstände sind und somit einen gravierenden raumstrukturellen Missstand darstellen;

- dass die Umweltschäden einer nachhaltigen Entwicklung der betroffenen Räume entgegenstehen;

- dass in diesen Räumen die Gleichwertigkeit der Lebensbedingungen nicht mehr gegeben ist;

- dass die Sanierung gravierender Umweltschäden in Teilräumen im Interesse des Staates ist und

- dass es kein adäquates raumordnerisches Instrument gibt, das in gleicher Weise geeignet wäre, um den hier unterstellten raumstrukturellen Missständen zu begegnen.

Mittelbar sprechen zwei weitere Gründe für die Einführung des neuen Instruments. Erstens erscheint es nicht tragbar, dass Umweltgefährdungen ignoriert werden, zumal in Fällen, in denen der gegenwärtige Zustand nicht auf eine „Langzeitsicherheit" schließen lässt. Selbst wenn keine direkten Gefährdungen für die in den Problemräumen lebenden Menschen existieren, sind präventive Maßnahmen allein deshalb erforderlich, um neue Perspektiven in den betroffenen Räumen zu ermöglichen. Zweitens funktioniert gerade bei Umweltschäden das Verursacherprinzip häufig nicht. Deshalb ist weltweit zu beobachten, dass der Staat bei der Schadensbehebung eintritt. Das Instrument SEG bietet sich in diesem Kontext geradezu an, kommunales und staatliches Handeln zu vereinen.

Die folgenden Empfehlungen werden auch mit Blick auf die erforderliche Anpassung des Raumordnungsrechts der Bundesländer innerhalb von vier Jahren gegeben. Die Regelung bezüglich Sanierungs- und Entwicklungsgebieten (§ 7 Abs. 2 Nr. 2c ROG) gilt also nicht unmittelbar. Nach der allgemeinen Inkrafttretensregelung in Art. 11 BauROG sind nur die Abschnitte 1, 3, und 4 des ROG seit dem 01.01.1998 unmittelbar geltendes Recht. Der Abschnitt 2 (§§ 6-17 ROG) musste dagegen gem. § 22 ROG von den Ländern bis spätestens 31.12.2001 in Ländergesetze umgesetzt werden. Da dies in Bezug auf SEG in wenigen Fällen nur geschehen ist, besteht auch darüber hinaus noch Handlungsbedarf.

Der entsprechende Passus zu Sanierungs- und Entwicklungsgebieten im § 7 Abs. 2 ROG lautet: „Die Raumordnungspläne [der Bundesländer] sollen Festlegungen zur Raumstruktur enthalten, insbesondere zu ... der anzustrebenden Freiraumstruktur; hierzu können gehören ... c) Sanierung und Entwicklung von Freiraumfunktionen, ..." Für die Umsetzung durch die Länder gibt es keine rechtlichen Vorgaben, sodass die organisatorischen, inhaltlichen und fiskalischen Rahmenbedingungen noch zu benennen sind. In den anschließenden Empfehlungen wird versucht, aus der theoretischen Abhandlung der Inhalte (Kapitel 3) Handlungsvorschläge abzuleiten und diese im Lichte der Erfahrungen im SEG Uranbergbau (Kapitel 4) einzuschätzen. Dadurch sollen sowohl die Raumordnungsbehörde des Bundes als auch die Obersten Landesplanungsbehörden der Bundesländer und die Träger der Regionalplanung Anregungen zur Einführung des Instruments bzw., soweit diese wie in Sachsen und Thüringen bereits erfolgt ist, zur Modifizierung des Landesplanungsrechts und der Planungspraxis erhalten. Selbst wenn die Erfahrungen im SEG Uranbergbau allein noch nicht zu einer abschließenden Empfehlung für die Umsetzung des neuen raumordnerischen Instruments ausreichen, so werden doch wesentliche Grundzüge einer Umsetzungsstrategie erkennbar. Um die Konsequenzen einzelner Entscheidungsoptionen der Länder bei der Umsetzung von SEG in Landesrecht aufzuzeigen, wird auf Vor- und Nachteile der jeweiligen Varianten hingewiesen.

5.1 Zur Funktion des Instruments Sanierungs- und Entwicklungsgebiete

Abgeleitet von allgemeinen Überlegungen zur Koordinationsfunktion der Raumplanung ergeben sich zwei grundlegende Möglichkeiten für die funktionale Bestimmung des neuen Instruments, die auf alle daran anschließenden Empfehlungen Einfluss haben:

Erstens können Sanierungs- und Entwicklungsgebiete als **ordnungspolitisches Instrument** aufgefasst werden, wobei die staatliche Einflussnahme über die Ausweisung in Raumordnungsplänen mit entsprechender Zielsetzung im Mittelpunkt steht. Staatliches Handeln bezieht sich dabei auf das Setzen von Rahmenbedingungen und die Vorgabe von Entwicklungszielen.

Zweitens ist es möglich, Sanierungs- und Entwicklungsgebiete als **entwicklungspolitisches Instrument** aufzufassen, indem Aktionsräume auf Zeit gebildet werden, in denen die Umsetzung der Ziele durch kommunikatives und kooperatives Handeln erfolgt. In diesem Sinne geht es vor allem um die Initiierung eines Entwicklungsprozesses in den betroffenen Räumen.

Anknüpfend an den Vorschlag der Ad-hoc-AG „Raumordnerische Instrumente des Freiraumschutzes" und die Aufgabenstellung im Rahmen des Programms „Modellvorhaben der Raumordnung", wird der Grundgedanke, beide Funktionen in einem Instrument zu verknüpfen, aufgegriffen. Damit erhält das neue raumordnerische Instrument einen **Hybridcharakter**, sodass nicht nur eine differenzierte Auseinandersetzung mit beiden Teilkomponenten erforderlich wird, sondern auch die Art und Weise der Verknüpfung von Ordnungs- und Entwicklungsaufgaben zu diskutieren ist. Da im speziellen Fall des SEG Uranbergbau vieles auch darauf hindeutet, dass die enorme Problemlast die beteiligten Gemeinden in ihren Möglichkeiten überfordert und auch andere Faktoren wie die Koordinierung der Fachplanungen und die Bündelung von Fördermitteln schwierig sind, ist neben der Selbstorganisation der Gemeinden im Kontext interkommunaler Kooperation auch die Notwendigkeit staatlicher Intervention anzusprechen.

5.2 Zur Definition von Sanierungs- und Entwicklungsgebieten

Der Terminus „Sanierungs- und Entwicklungsgebiet", wurde in dieser Form im Entwurf der MKRO-ad-hoc-AG geprägt und in den Modellvorhaben der Raumordnung aufgegriffen. In den gesetzlichen und planerischen Quellen, die dieser Untersuchung zugrunde liegen, wird von der „Sanierung und Entwicklung von Raumfunktionen", „Gebieten mit besonderen Entwicklungs-, Sanierungs- und Förderungsaufgaben", „Ökologischen Sanierungsgebieten" usw. gesprochen. Um begriffliche Irritationen zu vermeiden, wird zunächst eine Präsizierung der Begriffsbestimmung für SEG vorgeschlagen. Um die Implementierung des Ansatzes in den Bundesländern zu erleichtern, werden anschließend einige Typen von Problemräumen benannt, in denen die Ausweisung von SEG zweckmäßig erscheint. Abschließend werden Für und Wider der Beschränkung des Instruments auf den Freiraum diskutiert.

Begriffsbestimmung von Sanierungs- und Entwicklungsgebieten

In den zur Verfügung stehenden Quellen finden sich zwei Realdefinitionen für Sanierungs- und Entwicklungsgebiete, die als Begriffsbestimmung im Sinne der Raumordnung gelten können (Tab. 5).

Tab. 5: Definitionen der Raumkategorie „Sanierungs- und Entwicklungsgebiet" (Entwurf: IÖR)

Quelle	Definition
Landesentwicklungsplan Sachsen (1994)	Gebiete mit besonderen Entwicklungs-, Sanierungs- und Förderungsaufgaben sind Gebiete, in denen aufgrund ihrer Lage im Raum, ihrer großflächigen umwelt- oder bergbaubedingten Belastungen die Lebensbedingungen oder die Entwicklungsvoraussetzungen in ihrer Gesamtheit im Verhältnis zum Landesdurchschnitt wesentlich zurückgeblieben sind oder ein solches Zurückbleiben zu befürchten ist.
MKRO-ad-hoc-AG (1996)	„Sanierungs- und Entwicklungsgebiete" sind Räume, in denen erhebliche dauerhafte Umweltbelastungen nachweisbar oder zu befürchten sind. Unterschiedliche Arten von Umweltbelastung können dabei überlagernd auftreten und ein vielfältiges Ursachenmuster haben. Sie führen in der Summe dazu, dass in diesen Räumen erhebliche umweltbezogene Entwicklungsprobleme auftreten und sich sozioökonomische Disparitäten verschärfen.

Beide Definitionen stehen inhaltlich nicht im Widerspruch und können sich teilweise ergänzen. Aufgrund der im SEG Uranbergbau gewonnenen Erfahrungen wird empfohlen, die folgenden Wesensmerkmale bei der Einführung von Sanierungs- und Entwicklungsgebieten in die Landes- und Regionalplanung vorauszusetzen:

Sanierungs- und Entwicklungsgebiete sind **zu Planungszwecken abgegrenzte Räume**, die folgende Merkmale aufweisen:

- **gravierende Umweltprobleme**, wobei in der Regel mehrere Problemfälle **überlappend** auftreten;

- Überlagerung der Umweltprobleme mit den **allgemeinen Problemen strukturschwacher Räume** (schlechte Erreichbarkeit, geringe Wertschöpfung u. a.) sowie

- **raumstrukturelle Defizite**, die unmittelbar oder mittelbar mit den Umweltproblemen zusammenhängen (Bevölkerungsrückgang, Siedlungsbrachen u. a.).

Damit wird eine Situation charakterisiert, die die Komplexität der Sanierungs- und Entwicklungsanforderungen deutlich herausstellt. Die Umweltprobleme sind dabei sowohl als Ursache raumstruktureller Defizite als auch als Bestandteil einer umfassenderen Strukturschwäche bezeichnet. Ungeachtet dessen grenzt sich das Instrument SEG klar gegen die Gemeinschaftsaufgabe zur Verbesserung der regionalen Wirtschaftsstruktur ab, deren Fördermaßnahmen ausschließlich von der Wirtschaftskraft der Regionen abgeleitet werden.

Die Vertiefung der Kenntnisse zum Zusammenhang zwischen gravierenden Umweltschäden, regionalen Entwicklungsproblemen und Schrumpfungsprozessen im Untersuchungsraum hat über die Instrumentendebatte hinaus ein tieferes Verständnis vorhandener Problemsituationen und Handlungsbedarfe bewirkt. Ob hier bereits neue Entwicklungsphänomene zu beobachten sind oder sich aus der Vergangenheit bekannte Entwicklungen wiederholen, kann noch nicht definitiv gesagt werden. Allerdings ist die flächenhafte Überlappung dieser Erscheinungen zumindest als ein Warnsignal zu verstehen, das von der Raumordnungs- und Regionalpolitik beachtet werden sollte.

Problemtypen, die sich für die Ausweisung als SEG eignen

Bei der Auswahl konkreter Problemgebiete sollten die genannten Kriterien beachtet werden, um die Passfähigkeit von Problem und Problemlösung von vornherein zu sichern. Da, wie sich im Fallbeispiel bestätigt hat, „Überlagerungen oder Kumulationseffekte von strukturellen und umweltbezogenen Schwächen und Defiziten" (Diskussionsentwurf der MKRO-ad-hoc-AG) nicht nur zufällig auftreten, sondern vielfach symptomatisch sind, erscheint die Ausweisung von Sanierungs- und Entwicklungsgebieten gerade in den Überlappungsbereichen der Problemkategorien sinnvoll. Besonders geeignet für die Ausweisung als SEG erscheinen deshalb:

- wachstumsschwache und peripher gelegene ehemalige Montanreviere,

- wachstumsschwache und peripher gelegene Konversionsgebiete sowie

– alte Industrieregionen mit fehlendem Innovationspotenzial.

Neben den dort auftretenden Umweltproblemen und dem daraus und aus der ehemaligen Nutzung resultierenden Negativimage sind solche Räume in der Regel durch schwache Bodennachfrage, unbefriedigende Investitionstätigkeit, Arbeitslosigkeit und starke Abwanderung der Bevölkerung gekennzeichnet.

Zumindest unsicher ist im Gegensatz dazu die Ausweisung von Sanierungs- und Entwicklungsgebieten in Verdichtungsräumen. Obwohl es auch dort viele Beispiele für gravierende Umweltbelastungen gibt, ist in den großen Städten und ihren Verdichtungsräumen in der Regel eine Nachfrage nach Flächen und Leistungen vorhanden, die eine endogene Dynamik erzeugt. Es erscheint fraglich, ob unter dieser Voraussetzung die von der Raumordnung initiativ durchgeführte Ausweisung von SEG sinnvoll ist, wenn sowohl privates Interesse als auch leistungsfähige Instrumente der Ressortförderung (Ökologische Altlastensanierung, GRW, Städtebauförderung) zur Verfügung stehen.

Als sinnvoll wird die planerische Ausweisung von SEG auch in Gebieten erachtet, in denen Belastungen einzelner Medien die Umweltsituation beeinträchtigen und durch fachliche Maßnahmen und Konzepte der Situation wirksam begegnet werden muss. Zu denken ist hierbei z. B. an Waldschadensgebiete und Smoggebiete. Ob für Problemräume dieses Typs eine Ausweisung von Aktionsräumen erfolgen sollte, ist allerdings fragwürdig (vgl. auch 5.4), da bereits einzelfachliche Sanierungsinstrumente existieren, die weitgehend ohne interkommunale Kooperation auskommen und staatlicherseits ausreichend geregelt sind.

SEG im Verhältnis zu den Kategorien Freiraum und Siedlungsraum

Eine zunächst zweitrangig erscheinende, für die betroffenen Gemeinden aber bedeutsame Tatsache ist die im § 7 ROG vorgenommene Zuordnung der „Sanierung und Entwicklung von Raumfunktionen" zu den freiraumbezogenen Instrumenten. Aus den Erfahrungen im SEG Uranbergbau lässt sich folgern, dass sich der Entwicklungsaspekt nicht von kommunalen Ambitionen im Siedlungsraum abkoppeln lässt und dass die Maßnahmen im Siedlungsraum sogar die dominierende Rolle unter allen durch die Gemeinden vorgeschlagenen Maßnahmen spielen.

Deshalb wird bei der Anpassung der Ländergesetze an das Bundesrecht empfohlen, das Instrument Sanierungs- und Entwicklungsgebiete nicht, wie im § 7 ROG vorgesehen, auf die Freiraumstruktur zu beschränken. Vielmehr wird angeraten, im Falle der Übernahme in Landesrecht die Festlegung des ROG auf den Gesamtraum auszuweiten. Als Beispiel dafür kann bereits die bisherige Handhabung im Landesentwicklungsplan Sachsen, die bereits mehrere Jahre vor der Raumordnungsgesetznovelle 1998 geregelt wurde, gelten. Auch die Zielsetzung für SEG im Regionalen Raumordnungsplan Ostthüringen (1999), wo

„durch Maßnahmen der Revitalisierung und Entwicklung ... in den bezeichneten großflächigen Sanierungs- und Entwicklungsgebieten ein wirtschaftlicher, ökologischer und sozialer Wandel erreicht werden soll", spricht für diese Auslegung.

Bei der landesgesetzlichen Umsetzung bedarf es auch aus rechtlicher Sicht keiner Beschränkung von SEG auf den Freiraum. Selbst wenn SEG im Raumordnungsgesetz in der Raumkategorie „Freiraumschutz" angesiedelt sind, lässt sich daraus nicht schlussfolgern, dass das Instrument nur im Rahmen der Freiraumstruktur genutzt werden darf. Wenn der Gesetzgeber den Freiraumschutz in § 7 Abs. 2 Nr. 2c ROG als einzigen Bezugspunkt haben wollte, hätte er dies deutlicher zum Ausdruck gebracht.

Unabhängig davon können für die beiden Möglichkeiten Vor- und Nachteile erörtert werden, die mit der generellen Funktion von SEG (5.1) in Zusammenhang stehen (Tab. 6).

Tab. 6: Sanierungs- und Entwicklungsgebiete im Verhältnis zu den Kategorien Freiraum und Siedlungsraum (Entwurf: IÖR)

Raumbezug des Instruments	**Vorteile**	**Nachteile**
Freiraum	Reduzierung der Komplexität der Problemlage und kleinere Akteurskreise erleichtern die Lösungsfindung Kooperationsaufwand gering technische Lösungen ohne Kooperation möglich	Nutzungskonflikte im bebauten Bereich werden ausgeklammert Entwicklungsbedarf in Problemgebieten betrifft in erster Linie den Siedlungsraum, wird aber nicht berücksichtigt
Freiraum und Siedlungsraum	Problemlage wird in ihren gesamten Auswirkungen einbezogen Entwicklungsaspekt wird umfassend berücksichtigt Problemlösung wird mit Steigerung der (regionalen) Wettbewerbsfähigkeit gekoppelt	Überschneidung mit anderen Instrumenten (GRW) ist unvermeidbar hoher Kooperationsaufwand (große Akteurskreise, größerer Abstimmungsbedarf und starke Konsensabhängigkeit)

Falls SEG eine rein ordnungspolitische Funktion zugedacht wäre (ohne Bildung von Aktionsräumen), würde die Beschränkung der Reichweite des Instruments auf den Freiraum ähnlich wie bei Vorranggebieten für Natur und Landschaft möglicherweise ausreichen. Bei allen raumrelevanten Maßnahmen in den entsprechenden Plangebieten müssten dann die Sanierungs- und Entwicklungsziele berücksichtigt werden. Da SEG aber der Sanierung und Entwicklung von Raumfunktionen im umfassenden Sinne dienen sollen, tendiert ihre Funktion de facto stärker in Richtung eines Entwicklungsinstruments. Im sächsischen Verständnis werden darunter Ziele wie „Wiederherstellung und Ausbau der infrastrukturellen Netze und Anlagen" sowie „Verbesserung der Arbeitsplatzsituation, der Wohnverhältnisse und der Erholungs- und Freizeitangebote" verstanden. Setzen die Bundesländer als Gesetzgeber ein solches Verständnis voraus, dann sollten Sanierungs- und Entwicklungsgebiete auch keine Beschränkung auf den Freiraum erhalten.

Bei der Ausweisung von SEG in Raumordnungsplänen erscheint die Beschränkung auf den Freiraum auch deshalb zu kurz gegriffen, weil durch die Akteure in den betroffenen Räumen hauptsächlich die Wirkungen der Umweltsituation auf die Siedlungs- und Wirtschaftsstruktur und die allgemeinen Strukturprobleme wahrgenommen werden, viel weniger dagegen die Umweltsituation selbst. Eine Beschränkung des Instruments auf den Freiraum würde somit das Interesse der lokalen und regionalen Akteure nur unzureichend auf sich ziehen und die Umsetzung erschweren. Sie wäre darüber hinaus auch deshalb sachlich schwer zu rechtfertigen, da eine Segmentierung und einseitige Betrachtung der Problemlage die Folge wäre. Der Absicht des Instruments, komplexe Umweltschäden zu beseitigen, wäre dies eher abträglich. Demgegenüber ist ein möglichst breiter, das gesamte Problemspektrum umfassender Ansatz zu empfehlen.

Ein Risiko des umfassenden Sanierungs- und Entwicklungsansatzes liegt allerdings in der eingeschränkten Problemlösungskapazität der Gemeinden. Die hohen ökonomischen und politischen Kosten des Ansatzes bei ausgereizten kommunalen Finanzspielräumen und unzureichender Wirksamkeit klassischer Planungsinstrumente der Gemeinden (Flächennutzungsplanung, Städtebauliche Rahmenplanung) lassen die Erfolgsaussichten des Ansatzes gering erscheinen, wenn die Kooperation der Gemeinden nicht mit den Mechanismen staatlicher Einflussnahme und Förderung gekoppelt wird. Institutionell und organisatorisch könnte diese durch die Oberste Landesplanungsbehörde im Zusammenwirken mit den Trägern der Regionalplanung erfolgen (vgl. 5.5).

5.3 Zur Ausweisung von Sanierungs- und Entwicklungsgebieten in Raumordnungsplänen

Bei der Ausweisung von SEG in Raumordnungsplänen (Landesentwicklungsplan/-programm und Regionalplan) gemäß § 7 Abs. 2 ROG sind seitens der Länder einige Entscheidungen zu treffen, die in der Umsetzung beträchtliche Bedeutung erlangen können. Zunächst ist abzuwägen, ob SEG als Ziel oder Grundsatz der Raumordnung bestimmt werden sollen (Statusbestimmung). Weiterhin ist zu entscheiden, ob neben der Ausweisung in Raumordnungsplänen auch die Umsetzung geregelt wird. Dabei kann an die von der MKRO erwogenen Möglichkeiten angeknüpft werden: Darstellung in Sonderplänen oder Erteilung eines textlichen Handlungsauftrags. Schließlich ist zu klären, wie großräumig Sanierungs- und Entwicklungsgebiete ausgewiesen werden sollen, was vor allem im Kontext mit der späteren Umsetzungsstrategie entschieden werden muss.

Ausweisung als Grundsatz oder Ziel der Raumordnung?

Ungeachtet der Empfehlung der MKRO-ad-hoc-AG Sanierungs- und Entwicklungsgebiete als Ziele der Raumordnung auszuweisen, scheint die aufgeworfene Fragestellung nochmals überlegenswert, zumal dazu im Raumordnungsgesetz keine Aussage erfolgt ist. Um die eigene Intention zu unterstreichen, sei nochmals auf die Wirkungen der Kategorien „Ziel" und „Grundsatz" im Rahmen des Raumordnungsrechts verwiesen (Tab. 7).

Tab. 7: Wirkungsweisen von raumordnerischen Zielen und Grundsätzen (Entwurf: IÖR)

Kriterium	Ziele der Raumordnung	Grundsätze der Raumordnung
Verbindlichkeit	verbindliche Vorgaben	allgemeine Aussagen
Bestimmtheit	räumlich und sachlich bestimmt oder bestimmbar	unbestimmt
Abwägung	abschließend abgewogen	Vorgabe für nachfolgende Abwägungs- und Ermessensentscheidungen
Bindungswirkung auf Fachplanungen und kommunale Bauleitplanung	Beachtenspflicht (nicht durch Abwägung überwindbar)	Berücksichtigungsgebot (unterliegt der Abwägung)

Aufgrund der genannten Rechtstitel und der Erfahrungen im Sanierungs- und Entwicklungsgebiet Uranbergbau wird die Ausweisung mit der Bindungskraft als **Ziel der Raumordnung und Regionalentwicklung** in Raumordnungsplänen – in Sachsen bereits gängige Praxis – empfohlen. Nur in diesem Verständnis scheint es möglich, die ohnehin geringen Einflussmöglichkeiten der Raumordnung gerade gegenüber den Fachplanungen zu nutzen, um Sanierungs- und Entwicklungsziele umzusetzen.

Zu beachten ist allerdings, dass der Plangeber bei der Aufstellung von Sanierungs- und Entwicklungsgebieten als Zielausweisung sehr genau arbeiten muss, um die erforderlichen Voraussetzungen zu erfüllen. Allein die Kennzeichnung als „Ziel" – wie es in § 7 Abs. 1 S. 3 ROG verlangt wird – führt nicht dazu, dass eine Festlegung im Raumordnungsplan Zielqualität erhält. Die materiellen Voraussetzungen für die Zielqualität einer Aussage ergeben sich allein aus § 3 Nr. 2 ROG; und nur die Inhalte, die die Anforderungen einer Zielausweisung erfüllen, können gegenüber der Fachplanung Bindungswirkung erzeugen. Nur wenn jeder einzelne Inhalt die materiellen Voraussetzungen erfüllt, kommt diesen wiederum Zielqualität zu.

Regelung der Umsetzung von Sanierungs- und Entwicklungszielen

Das Diskussionspapier der MKRO-ad-hoc-AG beinhaltet zwei Optionen, wie die Umsetzung von in Raumordnungsplänen festgelegten Sanierungs- und Entwicklungszielen geregelt werden könnte:

- In „Einzelfällen" wird angeregt, für SEG Sonderpläne als Teilpläne zu erstellen.

- Außerdem wird als möglich erachtet, über textliche Ziele lediglich einen Handlungsauftrag zur Erarbeitung eines Sanierungs- und Entwicklungskonzeptes zu erteilen und die weitere Vorgehensweise dazu rahmenhaft festzulegen.

Die praktischen Erfahrungen im Modellvorhaben SEG Uranbergbau weisen darüber hinaus einen dritten Weg: Die Umsetzung wird planerisch gar nicht festgelegt, sondern im Bedarfsfall geregelt. Auch hier hat jede Option spezifische Vor- und Nachteile (Tab. 8).

Tab. 8: Möglichkeiten zur Regelung der Umsetzung von in Raumordnungsplänen festgelegten Sanierungs- und Entwicklungszielen (Entwurf: IÖR)

Umsetzung von in Raumordnungsplänen festgelegten San.- und Entw.-zielen ...	Vorteile	Nachteile
durch Erstellung von Sonderplänen	schafft einen besonderen Status Planungssicherheit steigt fordert starkes staatliches Engagement heraus (Finanzierung)	zusätzlicher Planungsaufwand Gefahr der „Übersteuerung" Ergebnis von lokalen Akteuren nur bedingt beeinflussbar
durch Erteilung eines Handlungsauftrags	Umsetzung wird rahmenhaft geregelt große Spielräume für die Akteure bei der Instrumentenwahl	hohe Transaktionskosten zusätzliche Instrumente erforderlich
wird bei Bedarf geregelt	Handlungsoptionen werden offen gehalten (freie Wahl der Umsetzungsinstrumente)	Umsetzung bleibt zunächst offen

Im konkreten Fall des SEG Uranbergbau wurde die fehlende planerische Regelung der Umsetzung letztlich durch das Angebot der Obersten Landesplanungsbehörde des Freistaates Sachsen an die betroffenen Gemeinden zur Bildung eines „Aktionsraums auf Zeit" ersetzt. Dieses Vorgehen kam quasi der Erteilung eines Handlungsauftrages gleich, wobei die lokalen Akteure bei der Partner- und Instrumentenwahl kaum Spielräume hatten.

Nach § 7 Abs. 1 S. 2 ROG könnten für SEG auch **räumliche Teilpläne** aufgestellt werden. Die ressortübergreifenden räumlichen Teilpläne erfassen nur einen Ausschnitt des Landes. Für SEG käme der räumliche Teilplan deshalb infrage, da es sich um einen abgegrenzten räumlichen Bereich handelt, in dem ein verbindendes Umweltproblem die Ursache für komplexe strukturelle Schwächen ist. Die Inhalte des Teilplanes werden über Ziele und Grundsätze realisiert. Es handelt sich also strenggenommen weniger um ein Umsetzungskonzept als vielmehr um eine weitere Planungsebene.

Vorbild für die Erstellung von Sonderplänen könnte die **Braunkohlenplanung** in Sachsen sein (§ 8 SächsLPlG). Braunkohlenpläne werden für aktive und stillgelegte Tagebaue auf der Grundlage langfristiger energiepolitischer Vorgaben der Staatsregierung erstellt. In die Erarbeitung werden die bergbautreibenden Unternehmen bzw. die Sanierungsunternehmen einbezogen. Während der Regionalplan in Sachsen lediglich mit den Trägern der Fachplanungen und den Gemeinden abzustimmen ist (nichtöffentliches Verfahren), sind die Braunkohlenpläne jedermann bekannt zu machen. Da die Braunkohlenplanung zum Teil mit dem aktiven Bergbau und zum Teil mit der staatlich geförderten Unternehmenssanierung gekoppelt ist, sind Plan und Planumsetzung eng verzahnt und finanziell weitgehend abgesichert.

Auch für ein Sanierungs- und Entwicklungsgebiet wie im Raum Johanngeorgenstadt ist ein solches Vorgehen sowohl planungsrechtlich möglich als auch denkbar. Ein Sanierungsrahmenplan könnte analog den Braunkohlenplänen in Sachsen

- eine Zielsetzung bestimmen,

- den Sanierungsraum festlegen,

- sachliche, räumliche und zeitliche Vorgaben machen,

- Grundsätze der Sanierung und Entwicklung formulieren und

- Auswirkungen der Sanierung auf die großräumige Infrastruktur (z. B. Verkehrswegeplanung), auch über den konkreten Planungsraum hinaus berücksichtigen und Ziele dafür festlegen.

Mit der Aufstellung derartiger Sonderpläne wäre ein direkteres Engagement des Staates in Problemräumen und dadurch die Aufwertung des Entwicklungsansatzes verbunden. Auch die Klärung der Finanzierungsfrage würde in diesem Zusammenhang in einem neuen Licht erscheinen, wenn adäquate Finanzierungsinstrumente wie in den Braunkohlengebieten oder in den Gebieten, in denen die Wismut GmbH Sanierungsträger ist, fehlen. In diesem Kontext erscheint die Aufstellung von Sonderplänen in Sanierungs- und Entwicklungsgebieten als probates Mittel. Allerdings muss bedacht werden, dass sich damit zusätzlicher Planungsaufwand verbindet, der sich im Falle der Braunkohlenplanung in Sachsen u. a. auch in zusätzlichen institutionellen Aufwendungen niederschlägt (gesondertes Referat im Staatsministerium, zusätzliche Mitarbeiter in den Planungsstellen).

Aber auch die alternative Vorgehensweise, lediglich einen **Handlungsauftrag** für den Umgang mit Sanierungs- und Entwicklungsgebieten zu erteilen, könnte sinnvoll sein, falls die Entstehung von Problemräumen befürchtet wird oder wenn die Dimension von Problemräumen noch unsicher ist. Hier müsste letztlich die konkrete Situation in den Bundesländern den Ausschlag geben. Als gesetzlich fixierte Instrumente zur Verwirklichung von Raumordnungsplänen werden in § 13 ROG u. a. Regionale Entwicklungskonzepte und vertragliche Vereinbarungen aufgezählt. Ihre Eignung für den vorgesehenen Zweck ist unterschiedlich zu bewerten (vgl. 5.4).

Letztlich liegt es im Ermessen der Bundesländer, ob planerische Vorgaben für die Umsetzung von Sanierungs- und Entwicklungsgebieten gemacht werden. Sonderpläne liegen eher im Bereich des klassischen Planungshandelns, Regionale Entwicklungskonzepte und „Aktionsräume auf Zeit" i. S. der MKRO-ad-hoc-AG sind informelle Instrumente mit unterschiedlicher Intensität staatlicher Einflussnahme. Die Notwendigkeit einer Regelung in Raumordnungsplänen wird zwar nicht zwingend gesehen, die Planungssicherheit kann sich aber in den betroffenen Gebieten erhöhen, wie die Erfahrungen aus der Braunkohlenplanung in Sachsen belegen.

Größe von Sanierungs- und Entwicklungsgebieten

Wenn die Größe der auszuweisenden Sanierungs- und Entwicklungsgebiete weder in den Rechtsbestimmungen noch in den bereits existierenden raumordnerischen Festlegungen noch im Diskussionspapier der MKRO-ad-hoc-AG eine Rolle spielt, so gerät sie spätestens bei der Durchführung entsprechender Modellvorhaben wie im SEG Uranbergbau in die Diskussion. In Sachsen ist zu konstatieren, dass der großflächigen Ausweisung von SEG im Landesentwicklungsplan (ca. 50 % der Landesfläche) gegenwärtig die Ausweisung eines kleinen Aktionsraumes im Modellvorhaben gegenübersteht (<1 %). In Abhängigkeit von der Größe sind eine Reihe von Vor- und Nachteilen der Strategien zu unterstellen (Tab. 9).

Tab. 9: Größe von Sanierungs- und Entwicklungsgebieten (Entwurf: IÖR)

	Vorteile	Nachteile
Kleinflächige Ausweisung	übersichtliche Problembeschreibung möglich gute Überschaubarkeit der Kommunikationsstrukturen und -prozesse zielgenaues staatliches Eingreifen erleichtert	geringes endogenes Potenzial geringes politisches Gewicht mögliche Überforderung der regionalen Akteure
Großflächige Ausweisung	Erzeugung von Aufmerksamkeit größeres politisches Gewicht	Ausmaß an unterschiedlichen Problemlagen verdeckt Gemeinsamkeiten Reibungsverluste auf langen Kommunikationswegen eingeschränkte Wirksamkeit staatlicher Intervention („Gießkannenprinzip")

Bei der Ausweisung von SEG im Raumordnungsplan des Landes ist die Landesplanung an keine Größenvorgaben gebunden. Allein die jeweiligen Kriterien für die Ausweisung entscheiden über die Größe von SEG. Dabei ist es zwar möglich, dass so große Teile eines Bundeslandes wie in Sachsen erfasst werden, aber keineswegs erforderlich. Eine großflächige Ausweisung kann sowohl dazu beitragen, besonderes planerisches Augenmerk auf die Problemlage von Landesteilen zu richten als auch dem Sanierungsbedarf größeres politisches Gewicht verleihen. Die Bildung von Aktionsräumen auf Zeit im Sinne der MKRO-ad-hoc-AG erscheint dann aber schwierig.

Werden SEG hingegen als Entwicklungsinstrument konzipiert, so liegt eine räumliche Beschränkung, wie sie u. a. mit der Aktionsraum-Abgrenzung im SEG Uranbergbau vorgenommen wurde, nahe. Sanierungs- und Entwicklungsmaßnahmen können in kleinen Gebieten sowohl leichter geplant als auch zielgenauer in der Umsetzung beeinflusst werden. Wenn SEG Teilräume mit besonderer (Umwelt-)Problemlast sein sollen, in denen staatliches Handeln zum Erreichen eines bestimmten Ausgangsniveaus für die weitere Entwicklung unabdingbar ist, dürfen diese Teilräume also kein großes Ausmaß haben.

Insgesamt ist bei der Bildung von Aktionsräumen für SEG deshalb zu empfehlen, kleine und überschaubare Gebiete auszuwählen, da vor dem Hintergrund der unterstellten Problemlast in SEG, der eingeschränkten Lösungspotenziale der beteiligten Gemeinden und der begrenzten Einflussmöglichkeiten der Raumordnung auf die Fachplanungen und ihre Förderprogramme nur mit enormer Überzeugungskraft eine Lösung in einem befristeten Zeitraum erzielt werden kann.

Falls also in Raumordnungsplänen, wie in Sachsen erfolgt, Gebiete mit besonderen Entwicklungs-, Sanierungs- und Förderungsaufgaben großflächig ausgewiesen worden sind, empfiehlt es sich trotzdem, die Aktionsräume, in denen das Instrument umgesetzt werden soll, klein zu halten. Dies ist auch deshalb möglich, weil für andere Problemräume weitere Instrumente zur Verfügung stehen, die für die jeweiligen Situationen gut geeignet sind (INTERREG für grenznahe Räume, Braunkohleplanung und Unternehmenssanierung in Braunkohlengebieten). Aktionsräume im hier diskutierten Sinne sollten also insbesondere dort gebildet werden, wo alternative Instrumente nicht zur Verfügung stehen bzw. der Problemlage nicht angemessen sind.

Andererseits spricht das zu geringe Potenzial hinsichtlich Wirtschaftskraft und Humankapital gegen einen kleinen Aktionsraum. Endogene Potenziale können u. U. unzureichend sein – die Einbindung in großräumigere Strukturen (z. B. Wirtschaftsregionen, Fremdenverkehrsregionen, Grenzregionen) erscheint unabdingbar. Für große Aktionsräume spräche auch der in besonderen Problemsituationen erforderliche Bedarf an Netzwerkstrukturen und einem kreativen Milieu, was im SEG Uranbergbau nicht identifiziert werden konnte. Deshalb ist bei kleinen Aktionsräumen die Einbindung in zweckorientierte regionale Kooperationen zu sichern, die über das Gebiet hinausreichen, um die Nachteile der Kleinräumigkeit zu kompensieren.

Schließlich steht es der Landes- und Regionalplanung frei, die Festsetzung anhand der zur Verfügung stehenden Kriterien wahrzunehmen. Dabei ist es von sekundärer Bedeutung, ob für die Abgrenzung von SEG quantitative Kriterien (spezielle Kennziffern) oder qualitative Kriterien (z. B. Bergbaugebiete) herangezogen werden.

Unabhängig von der Art und Weise der Verankerung in Raumordnungsplänen sollte Klarheit darüber bestehen, wie nach der Ausweisung von SEG bei der Umsetzung verfahren werden soll. Wenn – dem sächsischen Vorgehen folgend – flächen- und bevölkerungsmäßig sehr große Gebiete mit besonderen Entwicklungs-, Sanierungs- und Förderungsaufgaben ausgewiesen werden, ist nicht zu empfehlen, deckungsgleiche Aktionsräume zu bilden.

5.4 Zur Umsetzung des SEG-Konzepts in Aktionsräumen

Der im Modellvorhaben SEG Uranbergbau eingeschlagene Weg interkommunaler Kooperation ist für die Lösung gravierender Umweltprobleme ohne Zweifel naheliegend und kann grundsätzlich für die Umsetzung in anderen Aktionsräumen empfohlen werden. Er entspricht auch dem Anliegen der aktiven Landesentwicklungspolitik im Freistaat Sachsen, die sich bereits akteurs- und handlungsorientierte Vorgehensweisen zu eigen gemacht hat. Allerdings hat die Untersuchung im SEG Uranbergbau auch den Klärungsbedarf deutlich gemacht, der bzgl. der Festlegung auf Umsetzungsverfahren besteht. Im Folgenden wird deshalb zunächst auf die zur Verfügung stehenden Umsetzungsinstrumente näher eingegangen. Danach wird die Methodik besprochen, um abschließend auf die Rolle von Einzelprojekten im Rahmen komplexer Sanierungs- und Entwicklungskonzepte einzugehen.

Eignung verschiedener Umsetzungsinstrumente

Mit der Bildung von Aktionsräumen auf Zeit wird seitens der MKRO-ad-hoc-AG eine Ausrichtung suggeriert, die auf einen spezifischen Charakter des Instruments SEG deuten lässt. Es wird als „umweltbezogenes Entwicklungsinstrument der Raumplanung", insbesondere der Regional- und Landesplanung charakterisiert. Im SEG Uranbergbau wurde es so interpretiert, dass eine besondere Einflussnahme des Staates auf die Umsetzung der planerischen Ziele und damit auf den Erfolg unabdingbar ist. Im Gegensatz dazu ist die Oberste Landesplanungsbehörde des Freistaates Sachsen geneigt, SEG in eine Reihe mit Regionalen Entwicklungskonzepten zu stellen. Insofern ist eine Analyse der Vor- und Nachteile beider Konzepte von unmittelbarem Interesse (Tab. 10). In diese Analyse werden außerdem die in jüngster Zeit viel diskutierten raumordnerischen Verträge einbezogen.

Tab. 10: Instrumente zur Umsetzung von Sanierungs- und Entwicklungszielen (Entwurf: IÖR)

Umsetzung von SEG durch ...	Vorteile	Nachteile
Aktionsräume auf Zeit (mit staatlicher Unterstützung)	unmittelbare Verbindung von Plan und Planumsetzung Gemeinden genießen besondere Fürsorge des Staates	Abhängigkeit der Gemeinden von staatlichem Handeln Gefahr der Übersteuerung
Sonder-REK	Gemeinden genießen Handlungsfreiheit Staat muss sich nicht festlegen auch ohne Ausweisung in Raumordnungsplänen durchführbar	offener Ausgang, keine Erfolgssicherheit Überforderung der Gemeinden möglich (geringe Handlungsspielräume)
raumordnerische Verträge	flexible Einsatzmöglichkeit, sowohl hinsichtlich des Vertragsgegenstandes als auch der Vertragspartner Verbindlichkeit von Raumordnungsplänen wird erhöht	geringes Interesse Privater an Sanierungsaufgaben begrenzte Problemlösungskapazität (eher für Einzelprojekte geeignet)

Mit dem Konzept der **Aktionsräume auf Zeit** wird die interkommunale Zusammenarbeit der Gemeinden und die darüber hinausgehende Kooperation öffentlicher und privater Akteure angesprochen. Diese Zusammenarbeit wurde im SEG Uranbergbau organisiert und durch eine kommunale Zweckvereinbarung zusätzlich formal geregelt. Auch wenn es sich dabei zunächst um ein typisches Beispiel interkommunaler Kooperation handelt und die Zusammenarbeit der Akteure, wie im vorliegenden Fall, erfolgreich verläuft, kann auf die befristete besondere Einflussnahme durch den Staat nicht verzichtet werden. Der enorme Handlungsbedarf lässt es im vorliegenden Fall nicht zu, dass der Staat die Verantwortung für den Erfolg des Ansatzes mit offenem Ergebnis abgibt. Deshalb wird empfohlen, Aktionsräume auf Zeit, die der Umsetzung von Sanierungs- und Entwicklungsaufgaben dienen, der besonderen Fürsorge bzw. „Mentorenschaft" des Staates zu unterstellen. Dies könnte auch durch die Übernahme der Schirmherrschaft seitens einer herausragenden Persönlichkeit aus dem politischen Raum, die über eine starke Integrationskraft verfügt, unterstützt werden. Unter anderem dadurch unterscheiden sich SEG von anderen informellen Planungsinstrumenten wie Regionalen Entwicklungskonzepten, deren Ausgestaltung weitgehend den Intentionen der beteiligten Gebietskörperschaften obliegt. In SEG ist dagegen für einen befristeten Zeitraum eine besondere Organisationsform, die die intensive personelle und organisatorische Unterstützung durch das Land und den Einsatz spezieller fiskalischer Instrumente einschließt, vorzusehen.

Ist dies nicht beabsichtigt oder leistbar, erscheint die Modifizierung von **Regionalen Entwicklungskonzepten** in Richtung der zu lösenden Aufgabe durchaus möglich (Sonder-REK). Allerdings muss in diesem Fall geprüft werden, ob die beteiligten Gemeinden auch ohne direkte Einflussnahme des Staates die Problemlösungskapazität aufbringen, die in der unterstellten Situation gravierender Umweltprobleme und struktureller Defizite erforderlich ist. Können die Gemeinden die Aufgaben nicht durch interkommunale Kooperation leisten, wäre ein solches Vorgehen zum Scheitern verurteilt.

Raumordnerische Verträge (§ 13 S. 5 ROG) haben insbesondere dort Einsatzmöglichkeiten, wo relativ geringe Personal- und Sachmittel zur Verfügung stehen und eine projekt- und umsetzungsorientierte Kooperationsform erforderlich ist. So können institutionalisierte verwaltungsorganisatorische oder privatrechtliche Institutionen (Regionalverbände, Zweckverbände, Vereine etc.) über vertragliche Vereinbarungen eine Kooperation eingehen. Die Vereinbarungen können sich auf die Planvorbereitung, -koordinierung oder -verwirklichung beziehen. In der Praxis zeigt sich, dass solche Verträge vor allem dort zu finden sind, wo der Träger der Regionalplanung auch noch über andere Zuständigkeiten verfügt (z. B. Abfallbeseitigung, Landschaftsrahmenplanung). Der Vorteil raumordnerischer Verträge liegt darin, dass sie eine sehr flexible Einsatzmöglichkeit haben, sowohl hinsichtlich des Vertragsgegenstandes als auch hinsichtlich der Vertragspartner.

Es dürfte jedoch schwierig sein, allein auf der Grundlage vertraglicher Vereinbarungen zusammenzuarbeiten, wenn sich die Kooperation nicht auf ein Projekt

(z. B. interkommunaler Gewerbepark) beschränkt, sondern ein komplexes Problem gelöst werden soll, in dessen Rahmen es unterschiedliche Aufgabenfelder gibt. Für die Sanierung von Umweltschäden ist der raumordnerische Vertrag daher nur bedingt geeignet, etwa im Falle von Einzelkooperationen. Die Ausweisung eines SEG knüpft jedoch an ein sehr vielschichtiges Problemkomplex an: Umweltbelastungen sind eng mit strukturellen Problemen verwoben. In diesem Fall bedarf die Lösung eines übergreifenden Konzeptes.

Aufgrund der gewonnenen Erfahrungen wird empfohlen, die Umsetzung auf der Grundlage der Bildung von Aktionsräumen durchzuführen, in denen die interkommunale Kooperation mit der Mentorenschaft des Staates verknüpft und in der von der MKRO-ad-hoc-AG vorgeschlagenen situationsbezogenen flexiblen und einzelfallbezogenen Weise vorgegangen wird. Dadurch erscheint es möglich, Lösungen zu finden, die an den Ursachen der Entwicklungsprobleme anknüpfen und für den jeweiligen Problemfall maßgeschneidert sind. Außerdem hat sich im SEG Uranbergbau bestätigt, dass auf der Projektebene die Auseinandersetzung der kommunalen Akteure mit Umweltproblemen initiiert werden kann. Dieser Diskurs erscheint deshalb von Bedeutung, da in Gebieten mit gravierenden Umweltschäden unterstellt wird, dass die Probleme insbesondere in der Öffentlichkeit verdrängt werden.

Methodisches Vorgehen in SEG

Aufgrund der Umsetzungsdefizite raumordnerischer Instrumente in der Vergangenheit ist für das Instrument SEG eine persuasive und konsensorientierte Vorgehensweise zu empfehlen. Auch eine externe Moderation ist in Problemsituationen wie im SEG Uranbergbau anzuraten, da unter dem Problemdruck, dem die Bürgermeister und regionalen Akteure ausgesetzt sind (Kumulation von Einzelproblemen, schwer beeinflussbare Rahmenbedingungen), eine konfliktarme oder gar harmonische Problemlösung kaum möglich erscheint. Der Moderator steht insofern vor einer besonderen Herausforderung, da er bei der Bewältigung gravierender Strukturprobleme in einem typischen Konfliktfeld interkommunaler Zusammenarbeit operiert. Auch wenn die Umsetzung der Ziele von SEG im Rahmen regionaler Kooperation eines hohen Aufwandes bedarf und nicht einfach ist, scheint es zu diesem Ansatz keine Alternative zu geben.

Unter diesen schwierigen Bedingungen ist der vom Bundesamt für Bauwesen und Raumordnung favorisierte Regionalmanagementansatz geeignet, um die Zusammenarbeit im SEG zielführend zu gestalten. Er kommt dem Bedarf der Akteure nach einem Aufbrechen institutioneller Barrieren entgegen und legt ihnen zunächst wenig Verpflichtungen auf. Die Voraussetzungen für den Einsatz der Methodik sind in SEG trotz des Anstoßes der Kooperation von außen und selbst bei divergierenden Zielvorstellungen der Akteure gegeben. Das regionale Management hat sich zudem inzwischen in vergleichbaren Situationen bewährt und wird auch im internationalen Maßstab zur Anwendung gebracht. Dem Regionalmanagement kommen aufgrund der bereits dargestellten besonderen Situation in Sanierungs- und Entwicklungsgebieten vor allem zwei Aufgaben zu:

- erstens die Organisation der interkommunalen Kooperation im Aktionsraum und

- zweitens die Absicherung der staatlichen Einflussnahme auf den Kooperationsprozess.

Damit diese Doppelstrategie funktioniert, sind Schnittstellen zwischen staatlicher Steuerung und regionaler Selbstorganisation zu definieren. Eine solche Schnittstelle könnte die regelmäßige Teilnahme eines Mitarbeiters der Landesplanungsbehörde an den Sitzungen des Lenkungsausschusses im Aktionsraum sein. Allerdings ist auch darauf zu achten, dass es mit der staatlichen Einflussnahme nicht zur „Übersteuerung" des Ansatzes kommt. So muss sichergestellt werden, dass die Förderung von Einzelmaßnahmen durch den Staat nicht im Widerspruch zur im Konsens der regionalen Akteure gefundenen Prioritätensetzung steht.

Zur Rolle der Projektebene in Sanierungs- und Entwicklungsgebieten

Die Erfahrungen im SEG Uranbergbau lassen den Schluss zu, dass die Berührungspunkte zwischen kommunaler Bauleitplanung und regionaler Kooperation vor allem bei der Projektentwicklung liegen. Da die einzelnen kommunalen Planungsvorstellungen im „Wettbewerb" um die besten Projekte des Aktionsraums einer Evaluierung unterliegen, sind neue Gewichtungen zu erwarten, die sowohl zur Abwertung als auch zu Aufwertung einzelner Projekte führen können. Da der Vergleich auch zur Identifizierung schwer umsetzbarer, „sperriger" Projekte beiträgt, ist die Auseinandersetzung auf Projektebene in SEG von großer Bedeutung. Allerdings zeigt die Erfahrung, daß die ermittelte „beste" Lösung nicht automatisch auf Akzeptanz im kommunalpolitischen Umfeld trifft. Bei dem zu erwartenden Konfliktpotenzial erscheint die externe Moderation deshalb notwendig. Auf diese Weise besteht die Chance, planungsrechtlich verbindliche Festsetzungen der Gemeinden mit informellen, konsensorientierten Instrumenten der Raumordnung zu verknüpfen.

5.5 Zur Rolle der Landes- und Regionalplanung in Sanierungs- und Entwicklungsgebieten

Wenn Sanierungs- und Entwicklungsgebiete als Instrument einer modernen prozess- und akteursorientierten Raumentwicklungspolitik verstanden werden, in deren Rahmen sowohl die förmliche Ausweisung in Raumordnungsplänen erfolgen soll als auch die Umsetzung über die Bildung von Aktionsräumen auf Zeit angestrebt wird, entsteht für die Landes- und Regionalplanung eine nicht zu unterschätzende Aufgabe. Rechtlich vorgegeben ist allerdings lediglich, dass Raumordnungspläne Festlegungen zur „Sanierung und Entwicklung von Raumfunktionen" enthalten sollen. Bereits bei der Realisierung dieser Forderung gibt es eine Reihe von Möglichkeiten (vgl. 5.3). Noch weniger geregelt ist die Umsetzung von Sanierungs- und Entwicklungskonzepten in konkreten Aktionsräumen (5.4). Auch wenn die Träger der Landes- und Regionalplanung de jure verpflichtet sind, auf die Verwirklichung der Raumordnungspläne hinzuwirken (§ 13 ROG), kann diese Aufgabe in verschiedener Weise interpretiert werden.

Intensität staatlicher Einflussnahme in SEG

Die Raumordnung hat grundsätzlich zwei Möglichkeiten, in Aktionsräumen auf Zeit tätig zu werden: entweder im Sinne des **aktiven Staates**, der den Regionen Angebote unterbreitet, sich an der Problemlösung beteiligt, Einfluss auf die Fachplanungen ausübt, damit Verantwortung für den Erfolg des Vorhabens übernimmt, aber auch das Risiko des Misserfolgs mitträgt. Oder aber in einer **passiven Rolle**, in der zwar die raumordnungspolitischen Voraussetzungen für die Bildung von Aktionsräumen geschaffen werden, die Lösungsfindung aber den beteiligten Gemeinden überlassen bleibt, die auch für den Erfolg des Vorhabens alleinverantwortlich sind, sodass der Staat keinen zusätzlichen Aufwand betreiben muss und im Misserfolgsfall keinen Imageverlust erleidet (Tab. 11).

Tab. 11: Staatliche Einflussnahme in Sanierungs- und Entwicklungsgebieten (Entwurf: IÖR)

Ambition des Staates in SEG	Vorteile	Nachteile
Aktiver Staat („Intervention")	*für Gemeinden:* Unterstützung bei Umsetzungsproblemen; Zugewinn an Autorität *für den Staat:* Einfluss auf Ergebnis, Korrekturen möglich	*für Gemeinden:* Einschränkung der kommunalen Handlungsspielräume *für den Staat:* zusätzlicher Koordinierungsaufwand; bei Misserfolg politischer Imageverlust
Passiver Staat („Inkonzilianz")	*für Gemeinden:* uneingeschränkte Handlungsfreiheiten *für den Staat:* bei Misserfolg kein Schaden für politisches Renommee	*für Gemeinden:* Alleinverantwortung für Problemlösung (Gefahr der Überforderung) *für den Staat:* kein Einfluss auf Ergebnis

Im Ergebnis der empirischen Untersuchungen im SEG Uranbergbau tendieren die Empfehlungen in Richtung der aktiven Einflussnahme durch den Staat (Intervention). Gründe hierfür sind

- die ausgesprochen schwierige Problemlage im Aktionsraum mit der Überlagerung von Umweltproblemen und allgemeinen Problemen strukturschwacher Räume, die inzwischen Schrumpfungsprozesse ausgelöst haben,

- das Fehlen einer Lösung, die der komplexen Problemlage gerecht wird,
- die objektive Überforderung der Gemeinden, die trotz kooperativer Vorgehensweise bei der Umsetzung von Sanierungs- und Entwicklungszielen nur langsam vorankommen.

Eine aktive Landesplanung als Ausdruck staatlichen Handelns kann versuchen, das Akteurshandeln und einzelne Entscheidungen zu beeinflussen und den Prozess auf die angestrebten Ziele zu lenken. Vor allem besteht aber die Möglichkeit, die Fachplanungen zu beeinflussen sowie auf die Bündelung von Fördermitteln und die Modifizierung von Fachförderprogrammen hinzuwirken. Sanierungs- und Entwicklungsgebiete in diesem Verständnis würden nicht nur einen räumlichen Problemtyp charakterisieren, sondern auch ein Instrument mit spezifischen Charakter sein, das sich von Regionalen Entwicklungskonzepten inhaltlich unterscheidet (vgl. auch 5.4).

Allerdings erscheint dies nicht zwingend auf andere Fälle übertragbar zu sein. Es ist davon auszugehen, dass auch Sanierungs- und Entwicklungsgebiete ausgewiesen werden, deren Problemlage weniger zugespitzt ist, in denen Lösungsmöglichkeiten vorhanden und die beteiligten öffentlichen und privaten Partner in der Lage sind, die Probleme bei Schaffung entsprechender Rahmenvorgaben durch den Staat allein zu lösen. Falls diese Voraussetzungen vorhanden sind, kann auch ins Kalkül gezogen werden, die Lösung den Partnern der regionalen Kooperation zu übertragen. Aber auch in diesem Fall sind – zumindest punktuell – besondere Formen staatlicher Fürsorge anzuraten.

Aufgaben der Landesplanung

Da die Art und Weise der Einflussnahme des Staates auf die Verwirklichung der Raumordnungspläne rechtlich nicht geregelt ist, eröffnet sich für die Landesplanung ein großer Handlungsspielraum. Im hier beschriebenen Fall wird ein aktiver Staat unterstellt, da sich diese Position im Verlauf des Modellvorhabens im Erzgebirge als Vorzugsmodell herauskristallisiert hat. Das Alternativmodell passiver Staat ließe sich im Gegensatz dazu durch Wegfall der angeführten Initiativmaßnahmen der Obersten Landesplanungsbehörde umreißen und muss insofern nicht explizit erläutert werden.

Aktive Landesentwicklungspolitik kann mit dem Angebot der Landesplanung an die betroffenen Gemeinden beginnen, einen Aktionsraum zu bilden. Es ist davon auszugehen, dass ein solches Angebot erforderlich ist, weil zum einen das SEG ein Instrument der Landes- und Regionalplanung (und nicht der kommunalen Planung) ist und zum anderen ein freiwilliger interkommunaler Zusammenschluss der betroffenen Gemeinden nicht vorausgesetzt werden kann. Das Angebot des Landes an die Gemeinden ist allerdings erst dann diskussionswürdig, wenn es mit genaueren Vorstellungen untersetzt ist, wie der zu bildende Aktionsraum unterstützt werden soll. Natürlich sollte die Oberste Landesplanungsbehörde bereits im Vorfeld der Offerte an die Gemeinden innerhalb der Landesregierung abklären, welche Kapazitäten personeller, organisatorischer und finanzieller Art überhaupt zur Verfügung stehen oder geschaffen werden müssten. Im Ergebnis des Modellvorhabens SEG Uranbergbau können sechs Formen der Unterstützung benannt werden, die für die Gemeinden attraktiv sind (Abb. 15). Die Sicherstellung eines externen Moderators erscheint sowohl deshalb wichtig, weil die Übernahme zusätzlicher Koordinierungsaufgaben für die Beteiligten selbst schwierig wäre, als auch im Interesse der Konsensfindung und des sensiblen Umgangs mit Problemlösungen im interkommunalen Kontext. Auch kann den Gemeinden auf diese Weise eine Kompetenzverstärkung zugesichert werden.

Die Schaffung von finanziellen Anreizen für die Zusammenarbeit ist von grundsätzlicher Bedeutung, wenn kurzfristig erste Maßnahmen vorbereitet oder umgesetzt werden sollen. Allerdings sollte auch klargestellt werden, dass es hier um Anreize und noch nicht um die Problemlösung geht (vgl. 5.6). Auch die Regionalplanung ist ein wichtiger Partner im Sanierungs- und Entwicklungsprozess (siehe Folgeseiten) und muss bereits frühzeitig von der Landesplanung über Vorhaben und Ziele in Kenntnis gesetzt werden. Dies betrifft auch die Träger der Fachplanungen, die letztlich nur im Sinne des SEG-Konzepts agieren können (Koordinierung der Fachplanungen, Bündelung von Fördermitteln, Modifizierung von Förderprogrammen), wenn sie rechtzeitig über das Instrument, seine Ziele und Absichten informiert worden sind.

Eine besonders anspruchsvolle Form der Mitwirkung der Landesplanung an SEG-Konzepten ist die Koordination innerhalb der Landesverwaltung, also der wichtigsten Ressortministerien. Im sächsischen Beispiel waren von den Zielen des SEG-Ansatzes neben der Landesplanung hauptsächlich die Ressorts Umwelt, Wirtschaft, Bergbau, Städtebau und Kultus angesprochen, weitere Ressorts in Einzelfällen berührt. Gelingt eine Koordination auf dieser Ebene, können sich die Erfolgsaussichten des Instruments SEG deutlich verbessern. Eine in Sachsen in der Vergangenheit gebildete interministerielle Arbeitsgruppe könnte in diesem Sinne als Vorbild dienen. Ein weiterer Vorschlag bzgl. der aktiven Rolle des Landes in SEG ist die Teilnahme eines Mitarbeiters der Obersten Landesplanungsbehörde an den wichtigsten Zusammenkünften im Aktionsraum. Dies setzt voraus, dass die Behörde über die erforderlichen personellen Kapazitäten verfügt und dürfte generell nur möglich sein, wenn das SEG als „Sonderinstrument" für besondere Problemgebiete verstanden wird.

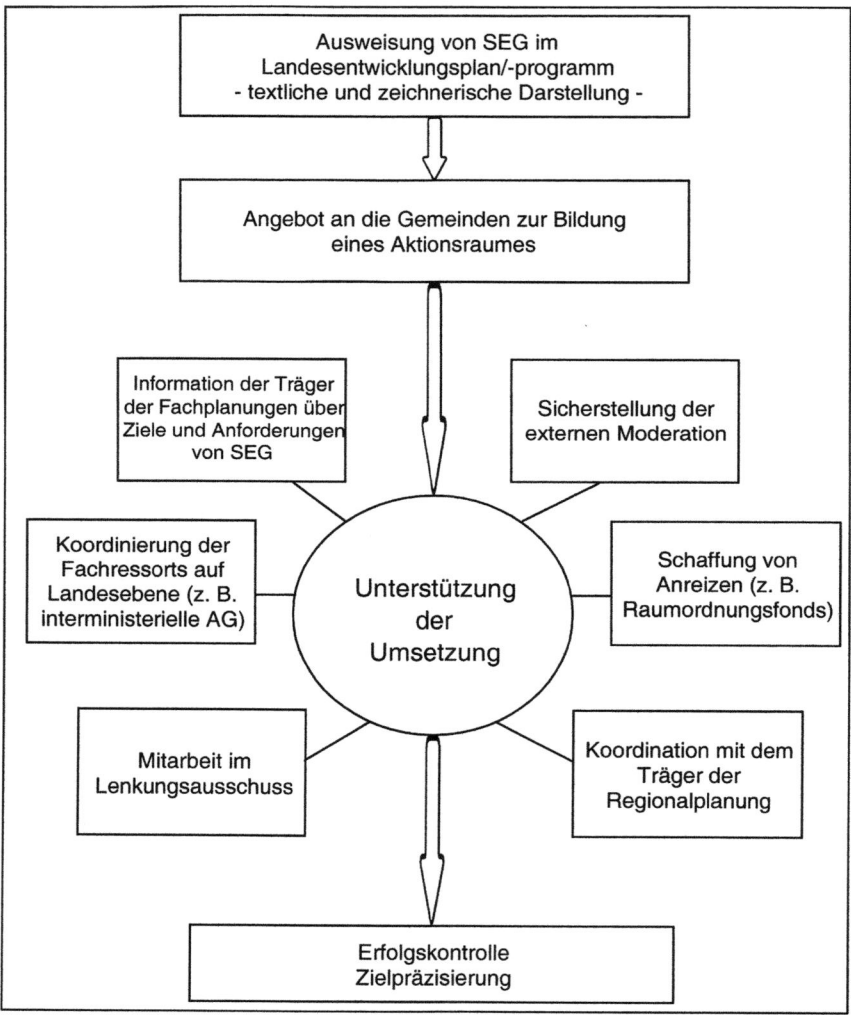

Abb. 15: Aufgaben der Landesplanung in Sanierungs- und Entwicklungsgebieten (IÖR 2000)

Schließlich muss sich die „Mentorenschaft" des Landes bis zur Erfolgskontrolle hin äußern. Eine erste Evaluierung ist nach ca. zwei Jahren zu empfehlen. Zu diesem Zeitpunkt sollte der Aufbau der Kooperationsstrukturen weitgehend abgeschlossen sein, die Gremien sollten zielorientiert arbeiten, Leitbild und Analyse sollten sich in einem fortgeschrittenen Zustand befinden. Erste Prioritätenlisten sind zu diesem Zeitpunkt zu erwarten und ein Handlungskonzept müsste vorbereitet sein. Vor allem seitens des Landes ist in diesem Stadium zu entscheiden

- ob im Ergebnis der vorgenommenen Maßnahmen eine Problemlösung näher gerückt ist oder ob die Akteure auf der Stelle treten;
- ob die Gemeinden bereit sind, an der gemeinsamen Lösung festzuhalten, oder ob unkoordiniertes bzw. sogar konkurrierendes Verhalten der Partner den Kooperationsgedanken überwiegt;
- ob die Kooperation der Gemeinden bereits selbsttragend ist oder ob weiterhin unterstützend auf den Kooperationsprozess eingewirkt werden muss und
- ob die Problemlösungskapazität der regionalen Akteure bereits so weit gestärkt worden ist, dass sich das Land aus der Mentorenschaft schrittweise zurückziehen kann.

Gegebenenfalls sind Bedingungen der Zusammenarbeit zu ändern oder zu präzisieren. Zusammenfassend kann festgestellt werden, dass die Landesplanung im hier beschriebenen Verständnis vorrangig für die Schaffung angemessener Rahmenbedingungen verantwortlich ist, um den Sanierungs- und Entwicklungsprozess in Gang zu bringen. Darüber hinaus erscheint es gegebenenfalls erforderlich, regulierend einzugreifen und Abläufe zu korrigieren.

Aufgaben der Regionalplanung

Einerseits ist bei der Beteiligung der Regionalplanung an der Umsetzung von Sanierungs- und Entwicklungskonzepten von Bedeutung, ob sie nach dem Modell der verbandlich-kommunalen oder aber der staatlichen Regionalplanung organisiert ist. Andererseits ist auch die Form der staatlichen Aufsicht mitentscheidend für das Maß der Freiheit, mit dem die Regionalplanung agieren kann. Im hier beschriebenen Fall wird von einer Regionalplanung ausgegangen, die sowohl ambitioniert ist, an der Umsetzung von Planinhalten mitzuwirken, als auch von staatlicher Seite die entsprechenden Freiheiten erhält.

Die Regionalplanung befindet sich bei der Umsetzung von Planvorgaben generell in einer Doppelfunktion (Abb. 16), die durch das deutsche Planungssystem vorgeprägt ist: Einerseits ist sie stark orientiert an der Landesplanung. Insofern ist es zweckmäßig, wenn Regional- und Landesplanung die Bildung von Aktionsräumen abstimmen. Dabei kann die gute Gebietskenntnis der Regionalplanung genutzt werden. Andererseits ist die Regionalplanung mit der kommunalen Bauleitplanung vertraut, sodass die Abstimmungen mit den Gemeinden bei der Bildung des Aktionsraums durchaus von der Regionalplanung geführt werden können. Hierbei könnten erste Zielvorstellungen der Gemeinden entwickelt und der Landesplanung mitgeteilt werden.

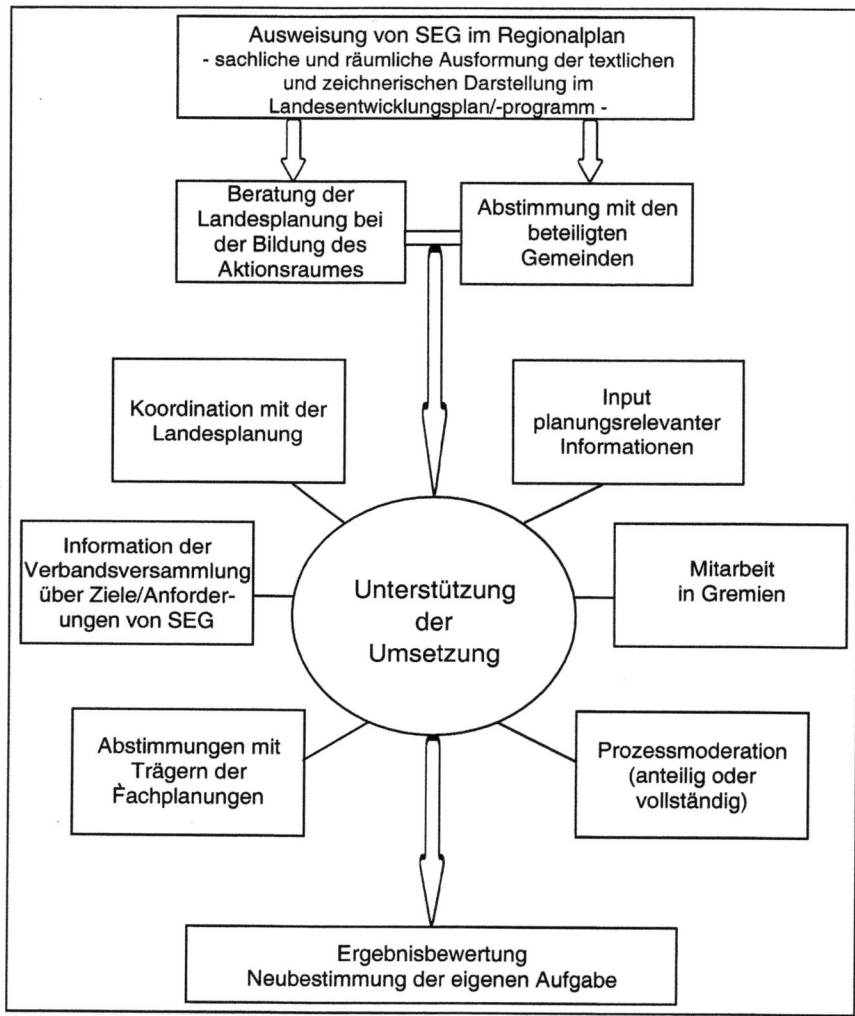

Abb. 16: Aufgaben der Regionalplanung in Sanierungs- und Entwicklungsgebieten (IÖR 2000)

Auch in der Umsetzungsphase bleibt die Doppelfunktion der Regionalplanung erhalten: Auf der einen Seite (Abb. 16 links) agiert sie als Planungsinstitution in der Ebene über den Kommunen. Hierbei kann sie verschiedene Routinen und Kompetenzen wie die Abstimmung mit Trägern öffentlicher Belange, die Vermittlung zwischen divergierenden Planungsinteressen und die Koordinierung großer Gremien nutzen. Neben der Koordination mit der Landesplanung liegt es nahe, dass die Regionalplanung in ihrem Planungsbezirk über Ziele und Anliegen des Instruments SEG informiert und um Unterstützung für den Aktionsraum wirbt. Außerdem ist davon auszugehen, dass die Regionalplanung mit den Trägern der Fachplanung in Kontakt steht und deshalb den Aktionsraum bei der Klärung von Sachfragen unterstützen kann.

Auf der anderen Seite (Abb. 16 rechts) ist es sinnvoll, dass die Regionalplanung auch bei der inneren Organisation des Aktionsraumes Unterstützung leistet. Eine Mindestanforderung ist dabei die Weitergabe von planungsrelevanten Informationen, über die die Regionalplanung verfügt. Darüber hinaus ist die Mitwirkung in Gremien (Lenkungsausschuss, Arbeitskreise) wünschenswert und auch die Leitung eines Arbeitskreises denkbar. Die Erfahrungen im SEG Uranbergbau haben bestätigt, dass die Regionalplanung, wenn sie in diesem Sinne handelt, bei den Gemeinden an Autorität gewinnen kann. Insofern war es im vorliegenden Fall auch folgerichtig, dass die Regionale Planungsstelle nach Auslaufen des Modellvorhabens die Prozessmoderation im Aktionsraum übernommen hat. Voraussetzung dafür war allerdings die erklärte Absicht der Landesplanung, diese Organisationsform zu unterstützen und die Bereitschaft der Regionalplaner, die Aufgabe zu übernehmen.

Am Ende des Prozesses wiederum ist die Regionalplanung besonders geeignet, den Prozess und seine Ergebnisse zu bewerten. Als Schnittstelle zur Landesplanung kann sie in dieser Funktion auch wertvolle Hinweise geben, in welcher Weise die Umsetzung staatlicher Unterstützung bedarf. Schließlich ist zu überprüfen, ob die Aufgabe der Regionalplanung bereits erfüllt ist, durch eine andere Institution übernommen werden kann oder aber selbst fortzuführen ist.

Auch wenn im vorliegenden Fall eine einvernehmliche Lösung zwischen Landesplanung, Regionalplanung und Gemeinden gefunden werden konnte, erscheint es kaum möglich, die Rolle der Regionalplanung für den hier behandelten Zweck allgemein festzulegen, zumal ihre Rolle in den Bundesländern sehr unterschiedlich definiert wird und die Kapazitäten der Regionalplanung sehr unterschiedlich sind. Vor dem Hintergrund der aktiven Landesentwicklungspolitik in Sachsen ist zu empfehlen, die Regionalplanung bei der Initiierung und Ausgestaltung von Kommunikations- und Kooperationsprozessen in SEG zu beteiligen. Dies kann in einer eher aktiven Rolle als Moderator oder in einer eher passiven Rolle als Akteur unter anderen erfolgen. In jedem Fall wird angeraten, die der Regionalplanung eigenen Kompetenzen bei der Abstimmung mit Fachplanungen für die Aktionsräume nutzbar zu machen.

Einflussmöglichkeiten der Raumordnung auf die Fachplanungen

Bei einer konsequenten Ausweisung von SEG im Sinne der MKRO-ad-hoc-AG (Überlagerung mehrerer Problemkategorien) ist zu unterstellen, dass der Handlungsbedarf in den Aktionsräumen die Lösungskapazität einzelner Fachplanungen und der kommunalen Bauleitplanung übersteigt. Insofern erscheint es sinnvoll, das Konzept der Sanierung und Entwicklung von Raumfunktionen als fachübergreifende Planung unter Federführung der Raumordnung umzusetzen.

Rechtlich geregelt ist die Einflussnahme der Raumordnung auf die Fachplanungen im § 4 Abs. 1 ROG, indem von öffentlichen Stellen gefordert wird, bei ihren raumbedeutsamen Planungen und Maßnahmen die Ziele der Raumordnung zu beachten. Dies bezieht sich auch auf Einzelentscheidungen wie Genehmigungen und Planfeststellungen. Eine gesetzliche Mitwirkungspflicht bei besonderen Vorhaben der Raumordnung besteht aber nicht. Darüber hinaus ist zu konstatieren, dass viele Fachplanungen eine beträchtliche politische Resistenz gegenüber landesplanerischen Ansprüchen aufweisen. Angesichts dieser Tatsachen ist die Umsetzung von Ansprüchen, die auf die Koordinierung der Fachplanungen durch die Raumordnung zielen, generell schwierig. Die Raumordnung ist bei der Einleitung konkreter Entwicklungsinitiativen letztlich auf die Überzeugung der staatlichen Fachplanungen und -politiken angewiesen. Das bedeutet einen Unsicherheitsfaktor in Sanierungs- und Entwicklungsgebieten.

Aufgrund der Erfahrungen im Sanierungs- und Entwicklungsgebiet Uranbergbau werden deshalb folgende Empfehlungen gegeben, um das Misserfolgsrisiko zu minimieren:

1. Im Rahmen der vertikalen Kooperation des Aktionsraums mit übergeordneten Ebenen kommt der Landesplanung ebenso wie der Regionalplanung die Aufgabe zu, die Träger der Fachplanungen zu informieren und die Vorteile des SEG-Ansatzes darzustellen. Entsprechende Koordinierungsleistungen sollten möglichst frühzeitig, am besten beim Entschluss zur Bildung von Aktionsräumen, einsetzen und für die Dauer der Ausweisung von Aktionsräumen anhalten. Als Instrument hierfür wird auf Landesebene eine interministerielle Arbeitsgruppe empfohlen.

2. In den Verwaltungsebenen (Oberste Landesplanungsinstanz, Regierungspräsidium, Landratsamt) sollten für den Aktionsraum Ansprechpartner gesucht werden, die in den Sanierungs- und Entwicklungsprozess involviert sind, zum Beispiel durch Mitgliedschaft im Lenkungsausschuss. Die Ansprechpartner sollten Kraft ihrer Stellung im Behördenapparat eine gewisse Autorität besitzen (Abteilungsleiter, Amtsleiter, Referatsleiter, Dezernent usw.). Durch solche „Resonanzstrukturen" können die Anliegen des Aktionsraumes mit vergleichsweise geringem Aufwand quer zu den Verwaltungsstrukturen vermit-

telt werden. Die Akteure des Aktionsraumes müssen mit ihren Anliegen nicht „von Tür zu Tür laufen".

3. Es ist möglich, mit den Trägern der Fachplanungen strategische Allianzen zu bilden, wenn sich die Ziele des Aktionsraumes mit denen der Fachplanung decken. So konnten im Fallbeispiel Fördermittel für die Sanierung von Altlasten eingeworben werden, weil der Standort für eine Kläranlage benötigt wurde. In einem anderen Fall lassen sich die Wünsche des Aktionsraums zur Verbesserung der Erreichbarkeit mit den Vorstellungen des Innenministeriums zur Eröffnung eines Grenzübergangs in der Region in Einklang bringen.

4. In ausgewählten Fällen ist es schließlich möglich, den Einfluss von Mitgliedern des Lenkungsausschusses von besonderem politischen Status zu nutzen (Machtpromotoren) um Widerstände aufzubrechen. Dies trifft insbesondere auf hochrangige Mandatsträger zu und setzt eine entsprechende Besetzung des Lenkungsausschusses voraus. Selbstredend sollte hier nicht politischer Druck auf Mitarbeiter der Verwaltungen ausgeübt, sondern fachlich-sachliche Überzeugungsarbeit für das Anliegen von SEG geleistet werden.

Die Wirkungen des neuen Instruments in Richtung der Fachplanungen könnten im Falle der erfolgreichen Umsetzung aber auch umfassender sein. Es ist durchaus denkbar, dass es gelingt, die Dramatik besonderer Problemkonstellationen, wie sie in SEG vorliegen, zu nutzen, um maßgebliche politische Akteure von der Notwendigkeit der raumordnerischen Koordination in spezifischen Problemräumen zu überzeugen.

5.6 Zur Finanzierung von Sanierungs- und Entwicklungsaufgaben

Mit der Bevorzugung der *aktiven* Rolle des Staates werden auch Weichen für die Finanzierung von Sanierungs- und Entwicklungsaufgaben gestellt. Im Folgenden stehen deshalb Handlungsempfehlungen für einen aktiven, vorausschauenden Ansatz zur Finanzierung von SEG im Vordergrund. Dabei wird hier lediglich ein Teilbereich des finanzpolitischen Instrumentariums berücksichtigt. Gebühren- und Beitragslösungen sowie Ansatzpunkte im Gemeinde*steuer*system bleiben außer Betracht, da ihre Beeinflussbarkeit durch die Raumordnung generell als gering eingestuft werden muss.

Die Empfehlungen richten sich vor allem an die Obersten Landesplanungsbehörden der Bundesländer und die für die Gestaltung und Vergabe von Fördermitteln zuständigen Landesstellen, aber auch an die kommunalen und regionalen Akteure. Für die Finanzierung von Sanierungs- und Entwicklungsaufgaben können nen demnach zwei Ansätze unterschieden werden:

1. Entsprechend des Vorschlages der MKRO-ad-hoc-AG bietet sich zur *kurz- bis mittelfristigen* Finanzierung von SEG die *Bündelung und Modifikation*

des Förderinstrumentariums an. Ergänzend dazu kann eine vorausschauende, an raumordnungspolitischen Zielen orientierte Koordination durch die Einrichtung eines Raumordnungsfonds in Sachsen in Form der Förderrichtlinie Regio bereits praktiziert unterstützt werden.

2. Alternativ dazu und mit Blick auf die mittel- bis langfristige Perspektive wird die *Einrichtung eines Regionalfonds* zur Mobilisierung privaten Kapitals und zur Vergabe von zinsverbilligten Krediten für regional bedeutsame Projekte in SEG vorgeschlagen, der insbesondere zur Finanzierung von Entwicklungsaufgaben eingesetzt werden soll. Ob es sich dabei um einen nicht nur theoretisch plausiblen, sondern auch praktisch umsetzbaren und erfolgreichen Ansatz handelt, bedarf unter besonderer Berücksichtigung der Charakteristika von SEG noch der näheren Untersuchung.

Sachlogisch sind diese Finanzierungsansätze gut mit dem kooperativen Entwicklungsgedanken in SEG vereinbar: Sie setzen die Einigung der regionalen Akteure auf Schwerpunkte der Sanierung und Entwicklung sowie das Identifizieren von Schlüsselprojekten voraus[7]. Die konkreten Ausgestaltungs- und Einsatzmöglichkeiten beider Optionen zur Finanzierung von SEG sollten in Abhängigkeit der regionalen Entwicklungsbedingungen bestimmt werden. Auf einer allgemeinen Ebene ist folgender relativ abstrakter Vergleich der strategischen Vor- und Nachteile dieser beiden Ansätze möglich (Tab. 12).

Zur Begründung der dargelegten Empfehlungen wird im Folgenden näher auf die strategischen Vor- und Nachteile der Bündelung und Modifikation von Förderprogrammen sowie eines Regionalfonds eingegangen.

Bündelung und Modifikation bestehender Förderprogramme

Im Falle der *Bündelung* bestehender fachlicher und überfachlicher Förderprogramme werden die bestehenden Programme weder in Bezug auf ihre Empfangs- und Verwendungsauflagen noch in Bezug auf ihr Budgetvolumen geändert. Damit stellt dieser Ansatz auf eine Finanzierung von kostenwirksamen Maßnahmen in Sanierungs- und Entwicklungsgebieten durch eine *effizientere* Nutzung des staatlichen Förderinstrumentariums ab. Es werden nicht neue formelle Instrumente geschaffen, sondern man versucht durch die Koordination des

---

7 Eine dritte grundsätzliche Finanzierungsoption, die Bereitstellung eines staatlichen Sonderprogramms kann darüber hinaus ebenfalls erforderlich sein, wie die besondere Problematik im SEG Uranbergbau gezeigt hat. Zu denken wäre hierbei z. B. an die staatlich finanzierte Sanierung der Uranerzbergbau-Altlasten durch die Wismut GmbH in anderen Gemeinden Sachsens und in Thüringen. Der Einsatz solcher Mittel ist allerdings durch die regionalen Akteure nur bedingt zu beeinflussen und bedarf eher eines förmlichen Beteiligungsverfahrens als eines Kooperationsgremiums mit besonderem Status. Insofern soll diese Möglichkeit hier nicht weiter besprochen werden.

Tab. 12: Finanzierung von Sanierungs- und Entwicklungsaufgaben (Entwurf: IÖR)

Finanzierung von SEG durch ...	Vorteile	Nachteile
Bündelung und Modifikation bestehender Förderprogramme	Verbesserung der Effizienz des Förderinstrumentariums kurz- bis mittelfristig umsetzbarer Ansatz	Beitrag zur Problemlösung eng umgrenzt Private Akteure werden in finanzielle Verantwortung nicht eingebunden
Einrichtung eines Regionalfonds zur Mobilisierung von privatem Kapital	Einbindung von privaten Akteuren in die finanzielle Verantwortung Aktivierung endogener Entwicklungspotenziale flexibler Umgang mit Mitteln	Spannungsverhältnis zu kurzfristigem Vorteilskalkül von privaten Akteuren mittel- bis langfristig umsetzbarer Ansatz

bestehenden Förderinstrumentariums die Finanzierungsentscheidungen der Gemeinden im Sinne der raumplanerischen Aufgabenerfüllung zu beeinflussen. Es handelt sich deshalb um einen *kurz- bis mittelfristig* umsetzbaren Ansatz zur Finanzierung von SEG.

Da die Koordination der Förderprogramme letztlich durch Entscheidungen der übergemeindlichen Akteure erfolgen muss, handelt es sich um einen Steuerungsansatz „*von oben*". Aufgrund der Vielfalt zu erfüllender Teilaufgaben zur Sanierung und Entwicklung umweltbelasteter Räume ist dabei eine Vielzahl öffentlicher Förderprogramme von Relevanz. Diese Instrumente müssen das Prinzip der gemeinsamen finanziellen Verantwortung für eine raumordnungspolitische Problemlösung bei klaren vertikalen und horizontalen Kompetenzstrukturen wahren. Die Ergebnisse der empirischen Untersuchungen legen die Vermutung nahe, dass die Bündelung von Förderprogrammen vor allem dann gelingt, wenn die Landes- und Regionalplanung über einen so genannten Raumordnungsfonds verfügt. Mit einem Raumordnungsfonds für Konzeptentwicklung, An-, Spitzen- und Lückenfinanzierung können formal der Landes- und Regionalplanung zuzuordnende Akteure relativ autonom über den Einsatz eines gewissen Budgetvolumens für raumordnerisch bedeutsame Vorhaben entscheiden. Vor allem können konzeptionelle Leistungen der Adressaten angestoßen und die Nutzungsmöglichkeiten der Programmstrukturen fachlicher Förderprogramme zielorientiert verändert werden. Für derart erwünschte Steuerungseffekte muss nicht von einem hohen Budgetansatz des Raumordnungsfonds ausgegangen werden. Eine zusätzliche Hilfe für die Kommunen in Sanierungs- und Entwicklungsgebieten könnte darüber hinaus sein, von der finanziellen Eigenbeteiligung bei der Inanspruchnahme von Förderprogrammen möglichst weitgehend entlastet werden[8].

Durch die Bündelung und Modifikation von Förderinstrumenten kann indes in der Regel nur ein *eng umgrenzter Beitrag* zur Finanzierung von SEG geleistet werden und zwar aus folgendem Grund: Sanierungs- und Entwicklungsgebiete sind durch die Überlagerung von Umweltproblemen mit den allgemeinen Problemen strukturschwacher Räume und daraus resultierende gravierende raumstrukturelle Defizite gekennzeichnet. Weitere Merkmale sind in der Regel eine schwache Bodennachfrage und Investitionstätigkeit, Arbeitslosigkeit und Abwanderungstendenzen der Bevölkerung. Aufgrund der Problemfülle ist zwar eine Vielfalt von Fördermöglichkeiten für die betroffenen Gemeinden relevant. Gleichwohl hat sich bei den empirischen Untersuchungen gezeigt, dass Umsetzungsprobleme oftmals aus Problemen bei der Finanzierung von Projekten aus staatlichen Förderprogrammen resultieren. Möglicherweise sind Gemeinden aufgrund der Problemfülle, geringer Handlungsressourcen, dem Zeitdruck und der Intransparenz des bestehenden Fördersystems auch mit der Aufgabe überfordert, eine gemeinsame Strategie zur Erschließung von Förderquellen zu formulieren.

Auch ist eine vorausschauende Bündelung und Modifikation von Förderprogrammen im Sinne der raumordnerischen Ziele und Grundsätze schwierig. Landes- und Regionalplanung verfügen – wenn überhaupt – nur in sehr begrenztem Maße über finanzielle Eigenmittel. Für die Finanzierung von SEG mittels des staatlichen Förderinstrumentariums ist deshalb die Beeinflussung der Fachplanungen von entscheidender Bedeutung. Fachplanungen weisen jedoch oftmals eine beträchtliche Resistenz gegenüber landesplanerischen Ansprüchen und Integrationsvorstellungen auf. Zudem stellt sich die Frage, wie die landespolitischen Akteure Handlungsmöglichkeiten der förderpolitischen Flankierung von SEG zu einem abgestimmten Spektrum integrieren sollen, wenn sie weder über ausreichend generalisierbare Erfahrungen mit SEG noch über aktuelle Informationen zu den konkreten Problemen in den anvisierten Aktionsräumen verfügen. Notwendigerweise fehlt es den landespolitischen Akteuren bei ihrem Versuch der vorausschauenden förderpolitischen Flankierung von SEG an konkreten Zielvorstellungen – diese müssen ja erst von den betroffenen kommunalen und regionalen Akteuren entwickelt werden.

Der Ansatz der Bündelung und Modifikation von Förderprogrammen ist darüber hinaus durch einen weiteren Nachteil gekennzeichnet: Zur Berücksichtigung ökologischer Belange bei kommunalen Entscheidungen sind vor allem *integrierte Handlungskonzepte* notwendig. Integrierte Handlungskonzepte der Kommunen zeichnen sich vor allem durch strategische Orientierungen und infor-

---

8 Dieser Ansatz gewinnt besonders dort Bedeutung, wo die Gemeinden aufgrund der Haushaltsituation nicht mehr in der Lage sind, die Eigenanteile zu finanzieren.

melle, prozessorientierte und kooperative Steuerungsformen aus, bei denen private Akteure in die Problemlösung einbezogen werden. Der Ansatz der Bündelung von Förderprogrammen ist zwar bei Bereitschaft der übergemeindlichen Akteure zur Kooperation kurz- bis mittelfristig umsetzbar. In die Koordination von Förderprogrammen können jedoch private Akteure nur schwer einbezogen werden. Um einen Lösungsansatz zur Finanzierung von SEG zu berücksichtigen, bei dem private Akteure eine zentrale Rolle spielen, wird im Folgenden auf die Möglichkeit der Einrichtung eines Regionalfonds eingegangen.

Einrichtung eines Regionalfonds

Die *Einbindung von privaten Akteuren* in die Durchführung und Finanzierung von öffentlich bedeutsamen Vorhaben wird gegenwärtig vor allem in Bezug auf kommunale Infrastrukturprojekte diskutiert. Fondslösungen zeichnen sich gegenüber anderen Arten der Zusammenarbeit öffentlicher mit privaten Akteuren, z. B. Leasingverträgen, durch die Art der Kapitalbeschaffung aus. Die Kapitalbildung erfolgt nicht vorrangig durch die Aufnahme von Fremdkapital, sondern auch durch die Ausgabe von Anteilsrechten (Eigenkapital). Auf die Anteilsrechte wird p. a. ein Zinssatz gewährt, der, um das Ziel der Vergabe von zinsverbilligten Krediten an die Kreditnehmer zu erreichen, unter dem Durchschnittszins des Kreditmarktes liegt. Es bietet sich an, die Möglichkeiten und Grenzen der Übertragung von kommunalen Fondslösungen auf das Problem der regionalen Finanzierung von Sanierungs- und Entwicklungsaufgaben zu untersuchen (vgl. auch IRPUD 1993). Ziel eines Regionalfonds ist dann die Förderung von regional bedeutsamen Projekten mittels der Vergabe zinsverbilligter Kredite vor allem an private, regional orientierte Unternehmen.

Durch die Einrichtung eines Regionalfonds können Privathaushalte und Unternehmen allein durch den Kauf von Anteilsrechten zur gezielten Förderung ihrer Region beitragen. Die Erwerber von Anteilsrechten sollten deshalb die Möglichkeit haben, Anteile am Fonds zu erwerben, deren Verzinsung sie bis zu einer maximalen Höhe selber bestimmen. Bürger und Unternehmen in der Region werden bei möglichst niedriger Verzinsung vor allem dann möglichst viel Kapital im Regionalfonds anlegen, wenn sie in ihren Entscheidungen regionale Belange bereits berücksichtigen. Es handelt sich deshalb um einen Finanzierungsansatz zur *Aktivierung von vorhandenen regionalen Entwicklungspotenzialen „von unten"*. Wer als Träger des Regionalfonds infrage kommt, muss in Abhängigkeit der regionalen Bedingungen geklärt werden. Infrage kommen z. B. die Stadt- und Kreissparkassen (IRPUD 1993). Die Vergabe von Krediten aus dem Regionalfonds erfolgt dann formal durch die Sparkassen, die sich an Auflagen zum Empfang und zur Verwendung von zinsverbilligten Krediten für förderungswürdige Projekte halten müssen. Zur Bildung des Anfangseigenkapitals des Regionalfonds sollte eine öffentliche Anschubfinanzierung im Rahmen des staatlichen Förderinstrumentariums erfolgen. Mit dieser Vorgehensweise würde dem Postulat entsprochen, dass der Finanzierung einer regionalen Entwicklungssteuerung am ehesten durch eine enge Verzahnung zentraler Förderpolitik mit einer Entwicklungspolitik auf regionaler und kommunaler Ebene entsprochen werden kann, bei der private Akteure in die finanzielle Verantwortung einbezogen werden (vgl. Heimpold 1995).

Ein Regionalfonds zur Mobilisierung von privatem Kapital zur Vergabe von zinsverbilligten, regional bedeutsamen Krediten steht allerdings in einem *Spannungsverhältnis zum kurzfristigen Vorteilskalkül privater Akteure*. Dies kann am Unterschied zwischen kommunalen Immobilienfonds einerseits und Regionalfonds andererseits erläutert werden. Bei der Einrichtung von kommunalen Immobilienfonds werden zwar auch zinsverbilligte Kredite vergeben, womit sich für die privaten Anleger unterdurchschnittliche Zinserträge ergeben. Der kurzfristige Vorteil ergibt sich für die Anleger aus den mit dem Kauf von Anteilsrechten verknüpften Abschreibungsmöglichkeiten. Unter welchen Bedingungen mit dem Kauf von Anteilsrechten an einem Regionalfonds zusätzliche Abschreibungsmöglichkeiten der privaten Akteure verknüpft sein können und welche dieser Bedingungen für die Finanzierung von SEG von besonderer Bedeutung sind, muss erst noch näher bestimmt werden. Weder theoretische noch gar empirische Untersuchungen zu dieser Frage liegen bisher vor.

Einstweilen kann vermutet werden, dass ein funktionsfähiger Regionalfonds mit zureichender Eigenkapitaldecke insbesondere im Falle von SEG erst bei Vorhandensein eines Regionalbewusstseins der privaten und öffentlichen Akteure und produktiver Netzwerkstrukturen zwischen diesen Akteuren erwartet werden kann. Der Regionalfonds dürfte deshalb *erst mittel- bis langfristig und vor allem bei reifen interkommunalen Kooperationsbeziehungen von effektiver Bedeutung sein*. Diese Vermutung bedarf jedoch noch der systematischen empirischen Prüfung. Für die Vermutung, dass Regionalfonds zur Finanzierung von SEG erst auf mittlere bis lange Frist erfolgversprechend sind, spricht nicht zuletzt, dass auch die Vorteilhaftigkeit der Einbindung von privaten Akteuren in die kommunale Investitionsfinanzierung oftmals in Zweifel gezogen wird (Junkernheinrich 1994). Es wird angenommen, dass die Fondsfinanzierung gegenüber der traditionellen, haushaltsrechtlich regulierten Kreditaufnahme für die Kommunen zumeist keine kostengünstigere Alternative darstellt. Zudem besteht die Gefahr der Entstehung von Finanzierungsstrukturen außerhalb der kommunalen Haushaltsplanung („Schattenhaushalte"), die die Kontrollkapazitäten der kommunalen und regionalpolitisch verantwortlichen Akteure überfordern können. Auch dies spricht dafür, dass es sich um einen Ansatz handelt, der funktionierende, vertrauensbasierte Kooperationsstrukturen zwischen den öffentlichen (kommunalen und regionalen) Akteuren einerseits und privaten Akteuren, vor allem Privatunternehmen, andererseits voraussetzt. Ob es möglich ist, die mit der Einrichtung eines Regionalfonds verknüpften Vorteile zu nutzen ohne die damit einhergehenden Risiken übermäßig in Kauf nehmen zu müssen, sollte deshalb näher untersucht werden.

Naheliegend ist deshalb eine Doppelstrategie: In der Anfangsphase der Kooperation wird auf die Finanzierungsmöglichkeiten im Rahmen sofort verfügbarer Programme zurückgegriffen. Gelingt es dabei, die erforderliche Vertrauensbasis zu schaffen, kann versucht werden, einen Regionalfonds zu bilden und diesen mittel- bis langfristig zum regionalen Finanzierungsinstrument zu entwickeln.

Literaturverzeichnis

Adrian, Hanns (1985): Anmerkungen zur Novellierung des Planungs- und Städtebaurechts. In: Stadtbauwelt 85, 20-24.

Akademie für Raumforschung und Landesplanung (Hrsg.) (1999): Interkommunale Zusammenarbeit. Planerisches Handeln über Grenzen hinweg. In: ARL-Arbeitsmaterialien 259.

ALASKA (1993): Radiologische Erfassung, Untersuchung und Bewertung bergbaulicher Altlasten – Altlastenkataster. Bundesamt für Strahlenschutz. Bonn.

Asmacher, Christoph (1989): Regionale Strukturpolitik in der Bundesrepublik Deutschland: Wirkungsweise und zielkonforme Gestaltung. In: Beiträge zum Siedlungs- und Wohnungswesen und zur Raumplanung. Band 129. Ernst, Werner; Hoppe, Werner; Thoss, Rainer (Hrsg.). Selbstverlag des Instituts für Siedlungs- und Wohnungswesen und des Zentralinstituts für Raumplanung der Universität Münster. Münster.

Bachmann, Günther; Claus, Frank; Weingran, Christian (1990): Zehn Jahre US-amerikanischer Superfund – ein Erfolg? In: Zeitschrift für angewandte Umweltforschung, Jg. 3 (1990), H. 2, 182-193.

Bade, Franz-Josef (1998): Möglichkeiten und Grenzen der Regionalisierung der regionalen Strukturpolitik. In: RuR 1.1998. 3-8.

Battis, Ulrich; Krautzberger, Michael; Löhr, Rolf-Peter (1998): Baugesetzbuch. München.

Benedict, Ernst (2000): Regionale Strategien in Sachsen aus der Sicht der Landesplanung. In: Sanierung und Entwicklung in Ostdeutschland – regionale Strategien auf dem Prüfstand. Danielzyk, Rainer; Müller, Bernhard; Priebs, Axel; Wirth, Peter (Hrsg.): IÖR-Schriften / Band 32, Dresden, 3-9.

Benz, Arthur (1994): Kooperative Verwaltung. Funktionen, Voraussetzungen und Folgen. Baden-Baden.

Benz, Arthur (1999): Ansatzpunkte für eine Neuorientierung der Raumordnungspolitik in der fiskalischen Krise. In: Akademie für Raumforschung und Landesplanung (ARL): Fiskalische Krise: Räumliche Ausprägungen, Wirkungen und Reaktionen, Hannover, 320-337.

BMBau (1993): Raumordnungspolitischer Orientierungsrahmen. Bundesministerium für Raumordnung, Bauwesen und Städtebau, Bonn.

BMBau (1995): Raumordnungspolitischer Handlungsrahmen. Bundesministerium für Raumordnung, Bauwesen und Städtebau, Bonn.

BMWi (2000): Wismut. Perspektiven durch Sanierung. Bundesministerium für Wirtschaft und Technologie. Berlin

Brösse, Ulrich (1995): Instrumente. In: Handwörterbuch der Raumordnung, Hannover, 507-511.

BUND, Misereor (1996): Zukunftsfähiges Deutschland. Ein Beitrag zu einer global nachhaltigen Entwicklung, Studie des Wuppertal Institutes für Klima, Umwelt und Energie, Basel.

Danielzyk, Rainer (1995): Regionalisierte Entwicklungsstrategien „modisches" Phänomen oder neuer Politikansatz. In: Regionalisierte Entwicklungsstrategien. Momm, A.; Löckener, R.; Danielzyk, Rainer; Priebs, Axel (Hrsg.). Material z. Angew. Geogr., Bd. 30, Bonn. 9-17.

Danielzyk, Rainer; Priebs, Axel (1999): Regionale Entwicklungskonzepte – Erfahrungen aus Westdeutschland und Schlussfolgerungen für die ostdeutschen Länder. In: Rainer Danielzyk; Lilienbecker-Hecht; Priebs, Axel (Hrsg.) Regionale Entwicklungskonzepte – Beitrag zur kooperativen Regionalentwicklung in Ostdeutschland. Bonn, 5, 55-72 (MAG 36).

Dannebom, Michael; Middelmann, Ute (1996): Bewertung des Einsatzes von Investitionszuweisungen zur Umsetzung raumordnungspolitischer und landesplanerischer Ziele, Empirische Untersuchung am Beispiel Nordrhein-Westfalen, Aachen.

Döring, Thomas; Stahl, Dieter (1999): Räumliche Aspekte der föderalen Aufgabenverteilung, der Finanzverfassung und der Subventionspolitik in der Bundesrepublik Deutschland. Eine ökonomische Analyse der bestehenden Strukturen und ausgewählter Reformvorschläge, Hannover.

Dressler, Hubertus von; Hoppenstedt, Adrian; Müller, Bernhard u. a. (2000): Weiterentwicklung der Landschaftsrahmenplanung und ihre Integration in die Regionalplanung, Bonn-Bad Godesberg.

Dudel, Gert E. (1997): Naturwissenschaftlich-ökologisch fundierte Renaturierung und Rekultivierung von Halden mit und ohne Nutzungsbeschränkungen (Beispiel Gebiet Schlema-Alberoda). In: Sanierung der Hinterlassenschaften des Uranbergbaus, Teil II: Abdeckung von Halden des Uranbergbaus, Tagungsband (Materialien zu Strahlenschutz/Umweltradioaktivität). Sächsisches Staatsministerium für Umwelt und Landesentwicklung, Dresden.

Dudel, Gert E.; Dienemann, Holger; Kindermann, Achim; Oswald, Patrick; Rotsche, Joachim (1999): Naturräumliche und radiologische Verhältnisse im Sanierungs- und Entwicklungsgebiet Uranbergbau und deren Änderung durch Altbergbau und Uranerzbergbau der Wismut AG. Studie im Auftrag des IÖR. TU Dresden.

Economou, Bessie C. (1997): Forging The Pittsburgh Renaissance.

Ensslin, R. (1999): Umsetzung landes- und regionalplanerischer Zielsetzungen im Zusammenwirken mit der kommunalen Bauleitplanung. In: ARL (Hrsg.): Grundriß der Landes- und Regionalplanung, Hannover, 274-286.

Erbguth, Wilfried (1996): Berücksichtigung zentralörtlicher Funktionen durch den kommunalen Finanzausgleich − am Beispiel des Landes Mecklenburg-Vorpommern. In: Die Öffentliche Verwaltung (DÖV), H. 21, 906-911.

Erbguth, Wilfried; Wagner, Jörg (1998): Bauplanungsrecht, München.

Ferber, Uwe (1995): Flächenrecycling in Europa − Strategien und Empfehlungen. In: BrachFlächenRecycling 1/1995. 14-18.

Fischer, Helmut (1988): Finanzzuweisungen. Theoretische Grundlegung und praktische Ausgestaltung im bundesstaatlichen Finanzausgleich Australiens und der Bundesrepublik Deutschland, Berlin.

Förster, Horst (1980): Wirtschaftswachstum, Industriestandorte und Umweltbelastung in Ost und West. In: Probleme des Wirtschaftssystems, der Integration und der Industrieentwicklung in Polen und der Tschechoslowakei. Wirtschafts- und sozialwissenschaftliche Ostmitteleuropa-Studien 1.: Wöhlke, W. (Hrsg.) Marburg/Lahn.

Förster, Horst (1996): Altindustrieregionen in West- und Osteuropa. In: Interaktion von Ökologie und Umwelt mit Ökonomie und Raumplanung. Tübinger geographische Studien 116, 21-54.

Fürst, Dietrich (1993): Von der Regionalplanung zum Regionalmanagement? In: DÖV 46, 552-559.

Fürst, Dietrich (1996): Komplexitätsverarbeitung in der Planung (Stadt-, Regional- und Landesplanung) − am Beispiel der Regionalplanung. Archiv für Kommunalwissenschaften. 1. Halbjahresband, 20-37.

Fürst, Dietrich (1998): Projekt- und Regionalmanagement. In: Akademie für Raumforschung und Landesplanung (Hrsg.): Methoden und Instrumente räumlicher Planung, Hannover, 237-253.

Fürst, Dietrich (1999): Regionalisierung – die Aufwertung der regionalen Steuerungsebene? In: Akademie für Raumforschung und Landesplanung (ARL): Grundriß der Landes- und Regionalplanung, Hannover, 351-363.

Fürst, Dietrich; Ritter, Ernst-Hasso (1993): Landesentwicklungsplanung und Regionalplanung, Düsseldorf.

Gatzweiler, Hans-Peter (1999): Raumordnung als projektorientierte Raumentwicklungspolitik. In: Informationen zur Raumentwicklung, H. 3-4/1999, 173-181.

Gatzweiler, Hans-Peter; Runkel, Peter (1997): Modellvorhaben der Raumordnung – ein raumordnungspolitisches Aktionsprogramm. In: Information zur Raumentwicklung, H. 3/1997, 145-154.

Gawel, Erik (1991): Umweltpolitik durch gemischten Instrumenteneinsatz. Allokative Effekte instrumentell diversifizierter Lenkungsstrategien für Umweltgüter, Berlin.

Gerlach, Frank; Kattein, Martina (1998): Regionale Wirtschaftsförderung in den neuen Bundesländern. Ein Vergleich von Thüringen, Sachsen und Sachsen-Anhalt. In: WSI-Mitteilungen 3/1998, 174-185.

Gruber, Rolf (1995): Gebietskategorien. In: Handwörterbuch der Raumordnung, Hannover, 357-365.

Gust, D. (1999) Koordinationsaufgaben gegenüber den Fachplanungen. In: ARL (Hrsg.): Grundriß der Landes- und Regionalplanung, Hannover, 287-293.

Hansmeyer, Karl-Heinrich (1970): Zweckzuweisungen an Gemeinden als Mittel der Wirtschaftspolitik? In: Haller, Heinz; Kullmer, Lore; Shoup, Carl S.; Timm, Herbert (Hrsg.): Theorie und Praxis des finanzpolitischen Interventionismus. Fritz Neumark zum 70. Geburtstag, Tübingen, 431-450.

Hansmeyer, Karl-Heinrich; Schneider, Hans Karl (1990): Umweltpolitik. Ihre Fortentwicklung unter marktsteuernden Aspekten, Göttingen.

Häußermann, Hartmut; Siebel, Walter (1987): Neue Urbanität, Frankfurt.

Heimpold, Gerhard (1995): Die Förderung von Unternehmensinvestitionen in den neuen Ländern. In: Holthus, Manfred (Hrsg.). Elemente regionaler Wirtschaftspolitik in Deutschland. Baden-Baden, 129-153.

Institut für Raumplanung Universität Dortmund (IRPUD) (1993): Endogene Regionalentwicklung – ein Konzept für die Sächsische Schweiz. Dortmund (Eigenverlag).

Jacobs, Bernd; Kirchhoff, Jutta; Mezler, Johannes (1994): Städtebauliche Beiträge zur Verbesserung der Wohn- und Lebensbedingungen in westdeutschen Großsiedlungen. In: Informationen zur Raumentwicklung 9/1994. 587-594.

Janssen, Gerold (1999): Sanierung und Modernisierung des älteren Geschoßwohnbestandes. Rechtsfragen, IÖR-Projekt 076, Dresden.

Junkernheinrich, Martin (1991): Gemeindefinanzen. Theoretische und methodische Grundlagen ihrer Analyse, Berlin.

Junkernheinrich, Martin (1992): Sonderbedarfe im kommunalen Finanzausgleich, Berlin.

Junkernheinrich, Martin (1994): Privatisierung der kommunalen Infrastrukturfinanzierung. Überlegungen zur ökonomischen Vorteilhaftigkeit eines instrumentellen Hoffnungsträgers. In: Mäding, Heinrich (Hrsg.). Stadtperspektiven. Difu-Symposium 1993, Berlin, 155-179.

Kampe, Dietrich (1997): Sanierungs- und Entwicklungsgebiete als Instrument der Raumordnung. Informationen zur Raumentwicklung, H. 3/1997, 185-191.

Karrenberg, Hanns; Münstermann, Engelbert (1999): Gemeindefinanzbericht 1999: Steuerpolitik '99 – Nicht gegen die Städte. In: der städtetag, H. 4, 151-240.

Kestermann, Rainer (1997): Kooperative Verfahren in der Raumplanung. In: RaumPlanung spezial 1997, 50-78.

Kistenmacher, Hans (1998): Vergleich von Planungssystemen zwischen West- und Osteuropa am Beispiel Frankreich und Tschechische Republik. In: Streich, Bernd; Kötter, Theo (Hrsg.): Planung als Prozeß. Von klassischem Denken und Zukunftsentwürfen im Städtebau, Bonn, 261-274.

Kloepfer, Michael (1998): Umweltrecht. München.

Krippendorf, Walter; Richter, Gerhard (1999): Anspruch, Aufgabenprofil und Arbeitsstand der Stiftung Innovation und Arbeit Sachsen. In: Akteur. Arbeitsmarktpolitik in Thüringen und Europa. Sonderheft Regionalisierung, Erfurt, 64-67.

Kruse, Heinz (1992): Strukturpolitik Nordrhein-Westfalen. In: Regionale Politik und regionales Handeln. ILS-Taschenbücher, Dortmund, 11-30.

Mäding, Heinrich (1995): Überlegungen zur Eignung des kommunalen Finanzausgleichs zur Förderung raumordnungspolitischer Konzepte. In: Informationen zur Raumentwicklung, H. 8/9, 605-618.

Malchus, Viktor von (1992): Dezentralisierte Regionalpolitik in Nordrhein-Westfalen – eine Chance zur Stärkung der Gemeinden und Regionen im europäischen Wettbewerb. In: Regionale Politik und regionales Handeln. Beiträge zur Analyse und Ausgestaltung der regionalen Strukturpolitik in Nordrhein-Westfalen, ILS-Taschenbücher, Dortmund, 104-120.

Matthias-Werner, Annette (1998): Strategien der Europäischen Union zur Nachhaltigen Entwicklung der ländlichen Räume. In: Agenda 21 – Nachhaltige Siedlungsentwicklung in den ländlichen Räumen. Institut für Städtebau Berlin, 93-100.

Meadows, Dennis L. et al. (Hrsg.) (1972): The limits to growth: a report for The Club of Rome's project on the predicament of mankind. New York.

MKRO (1996): Diskussionsentwurf „Sanierungs und Entwicklungsgebiete als Instrument der Raumordnung". MKRO-ad-hoc-AG „Raumordnerische Instrumente des Freiraumschutzes". Informationen zur Raumentwicklung (1997)3, 190/191.

Müller, Bernhard (1997): Städteverbünde und regionale Entwicklungskonzepte in Sachsen: Impulse für eine handlungs- und umsetzungsorientierte Weiterentwicklung der Regionalplanung? In: Regionale Entwicklungskonzepte und Städtenetze – von der Regionalplanung zur Regionalentwicklung. Hannover: ARL. (Arbeitsmaterial; 235), 34-50.

Müller, Bernhard (1998): Regionalplanung in den ostdeutschen Ländern. Rahmenbedingungen, Erfahrungen, Weiterentwicklung. In: Raumforschung und Raumordnung (1998)5/6, 389-405.

Müller, Bernhard (1999): Kooperative Entwicklungsansätze in Ostdeutschland: Von der Raumordnung zur Regionalentwicklung. In: Informationen zur Raumentwicklung (1999)9/10, 597-608.

Müller, Bernhard; Beyer, Burkhard (1999): Regionalentwicklung im kommunalen Verbund. Städteverbünde in Sachsen. Dresden/München.

Müller, Bernhard; Banse, Juliane; Bovet, Jana; Rathmann, Jörg; Wirth, Peter (1998): Sanierungs- und Entwicklungsgebiet Uranbergbau – Rahmenbedingungen und Ansatz eines Modellvorhabens der Raumordnung. IÖR-Texte 119.

Müller, Bernhard; Danielzyk, Rainer; Rathmann, Jörg; Wirth, Peter (1999): Sanierungs- und Entwicklungsgebiet als Instrument der Raumordnung. IÖR-Texte 126. Dresden/Johanngeorgenstadt.

Müller, Bernhard et al. (2000): Sanierungs- und Entwicklungsgebiet Uranbergbau. Modellvorhaben der Raumordnung. Abschlussbericht. Teil I: Sanierung und Entwicklung in umweltbelasteten Räumen. Teil II: Empirische Untersuchungen im Sanierungs- und Entwicklungsgebiet Uranbergbau (Südwestsachsen). Institut für ökologische Raumentwicklung, Dresden.

Nacke, Aloys (1992): Zum Problem staatlicher Zweckzuweisungen an Gemeinden. In: Verwaltungsrundschau, H. 2, 206-211.

Napp, Hans-Georg (1994): Kommunale Finanzautonomie und ihre Bedeutung für eine effiziente lokale Finanzwirtschaft, Frankfurt a. M. u. a.

Postlep, Rolf-Dieter; Pohle, Hans (1999): Fiskalische Krise in Deutschland aus räumlicher Sicht. Einführung und zugleich Überblick über die Beiträge. In: Akademie für Raumforschung und Landesplanung (ARL): Fiskalische Krise: Räumliche Ausprägungen, Wirkungen und Reaktionen, Hannover, 1-10.

Priebs, Axel (1998): Instrumente der Planung und Umsetzung. In: Akademie für Raumforschung und Landesplanung (ARL): Methoden und Instrumente räumlicher Planung, Hannover, 205-221.

Raumordnungsbericht 1991 der Bundesregierung. Bundesministerium für Raumordnung, Bauwesen und Städtebau, Bonn.

Regionale Strukturpolitik unter den veränderten Rahmenbedingungen der 90er Jahre (1996): Gornig, Martin; Seidel, Bernhard; Vesper, Dieter; Weise, Christian (Hrsg.). Deutsches Institut für Wirtschaftsforschung; Gesellschaft für Innovationsforschung und Beratung mbH, Sonderheft 157, Duncker & Humblot Berlin, 152 S.

Rennings, Klaus; Brockmann, Karl; Koschel, Henrike; Kühn, Isabel (1996): Ein Ordnungsrahmen für eine Politik der Nachhaltigkeit: Ziele, Institutionen und Instrumente. In: Gerken, Lüder (Hrsg.): Ordnungspolitische Grundfragen einer Politik der Nachhaltigkeit. Baden-Baden (Nomos), 229-280.

Renzsch, Wolfgang; Schieren, Stefan (1998): Zur Pauschalierung kommunaler Investitionszuweisungen. Überlegungen unter besonderer Berücksichtigung der neuen Länder. In: Kommunalfinanzen im Umbruch. Mäding, Heinrich; Voigt, Rüdiger (Hrsg.): Opladen.

Ritter, Ernst-Hasso (1998): Stellenwert der Planung in Staat und Gesellschaft. In: ARL (Hrsg.). Methoden und Instrumente, 6-22.

Schach, Holger (2000): Wiedernutzung von Industriebrachen in Thüringen. In: Sanierung und Entwicklung in Ostdeutschland – regionale Strategien auf dem Prüfstand, IÖR-Schriften / Band 32. Dresden, 97-111.

Scharpf, Fritz W. (1992): Koordination durch Verhandlungssysteme: Analytische Konzepte und institutionelle Lösungen. In: Horizontale Politikverflechtung. Zur Theorie von Verhandlungssystemen. Benz, Arthur; Scharpf, Fritz W.; Zintl, Reinhard. Frankfurt a. M. u. a., 51-96.

Scharpf, Fritz W. (1993): Positive und negative Koordination in Verhandlungssystemen. In: Policy-Analyse. Kritik und Neuorientierung. Heritier, Adrienne (Hrsg.), Opladen, 57-83.

Scherer, Burkhard (1996): Regionale Entwicklungspolitik. Konzeption einer dezentralisierten und integrierten Regionalpolitik. Hohenheimer Volkswirtschaftliche Schriften 24. Frankfurt am Main, Berlin, Bern, New York, Paris, Wien.

Schilling, R. (1987): Rückbau und Wiedergutmachung: Was tun mit dem gebauten Kram? Basel, Boston.

Schink, Alexander (1999): Kodifikation des Umweltrechts. Zum Entwurf der Sachverständigenkommission Umweltgesetzbuch (UGB-KomE). In: Die öffentliche Verwaltung (1999) 1, 1-12.

Selle, Klaus (1994): Was ist bloß mit der Planung los? Dortmund.

Selle, Klaus (1997): Kooperationen im intermediären Bereich – Planung zwischen „Commodifizierung" und „zivilgesellschaftlicher Transformation". In: Zivile Gesellschaft. Entwicklung, Defizite, Potentiale. Schmals, K. M.; Heinelt, H. (Hrsg.), Opladen, 29-57.

Siebert, Jörg; Plaster, Andreas (1999): Altlasten und Flächenrecycling in unseren Nachbarländern. In: BrachFlächenRecycling 1/1999, 34-39.

SRU (1994): Sachverständigenrat für Umweltfragen (Hrsg.): Umweltgutachten 1994. Für eine dauerhaft umweltgerechte Entwicklung. Stuttgart.

SSK (1995): Strahlenschutzgrundsätze für die Verwahrung, Nutzung oder Freigabe von kontaminierten Materialien, Gebäuden, Flächen oder Halden aus dem Uranerzbergbau. Empfehlungen der Strahlenschutzkommission. Band 23. Stuttgart, Jena, New York.

Strunz, Joachim (1998): Das Regionalmanagement – eine Aufgabe für Regionalplaner. In: Raumforschung und Raumordnung 5-6/1998, 435-442.

Umweltbericht 1994 des Freistaates Sachsen. Sächsisches Staatsministerium für Umwelt und Landesentwicklung. Dresden.

Waterkamp, Rainer (1978): Handbuch Politische Planung.

Weilepp, Manfred (1995): Instrumente der Regionalpolitik. In: Elemente regionaler Wirtschaftspolitik in Deutschland. Holthus, Manfred (Hrsg.). Veröffentlichung des HWWA-Institut für Wirtschaftsforschung Hamburg, Band 22. Nomos Verlagsgesellschaft Baden-Baden, 115-128.

Wiechmann, Thorsten (1999): Regionalmanagement auf dem Prüfstand. In: Standort, Zschr. f. Angew. Geogr. 1/99, 43-47.

Wilhelm, Sighard (1996): Umweltrecht. Ein Grundriß. Heidelberg.

Wood, Gerald (1994): Die Umstrukturierung Nordost-Englands. Wirtschaftlicher Wandel, Alltag und Politik in einer Altindustrieregion. Duisburger Geographische Arbeiten 13.

Rechtsquellen

Baugesetzbuch (BauGB) i. d. F. vom 27.08.1997 (BGBl. I S. 2141, ber. BGBl. 1998 I S. 137).

Gesetz zur Raumordnung und Landesplanung des Freistaates Sachsen (Landesplanungsgesetz – SächsLPlG) i. d. F. vom 24.06.1992 (GVBl. S. 259), zuletzt geändert durch Art. 8, 2. Kreisgebietsänderungsgesetz (KGRÄndG) vom 06.09.1995 (GVBl. S. 285).

Landesplanungsgesetz des Landes Sachsen-Anhalt (Landesplanungsgesetz – LPlG) i. d. F. vom 28.04.1998 (GVBl. S. 255).

Niedersächsisches Gesetz über Raumordnung und Landesplanung (Gesetz über Raumordnung / Landesplanung – NROG) i. d. F. vom 27.04.1994 (GVBl. S. 211), zuletzt geändert durch Art. 1 des Gesetzes vom 21.11.1997 (GVBl. S. 481).

Thüringer Landesplanungsgesetz (Landesplanungsgesetz B ThLPlG) i. d. F. vom 17.07.1991 (GVBl. S. 210).

Raumordnungsgesetz (ROG) i. d. F. vom 18.08.1997 (BGBl. I S. 2081), zuletzt geändert durch Art. 3 Gesetz über die Errichtung eines Bundesamtes für Bauwesen und Raumordnung sowie zur Änderung besoldungsrechtlicher Vorschriften vom 15.12.1997 (BGBl. I S. 2902).

Abbildungsverzeichnis

Abb. 1: Uranbergbau in Johanngeorgenstadt Anfang der 1950er Jahre: Bergarbeiterhäuser, Abraumhalden und sowjetische Kaserne (Foto: Stadtverwaltung Johanngeorgenstadt)   20

Abb. 2: Entstehung der radioaktiven Altlasten in Ostdeutschland und Zuständigkeit für die Sanierung (IÖR/Dienemann 2000)   21

Abb. 3: Schema einer „Regionalen Entwicklungspolitik" nach Scherer (1996, 40)   40

Abb. 4: Grundlegende Aspekte der Ausgestaltung des neuen raumplanerischen Instruments Sanierungs- und Entwicklungsgebiet (IÖR 2000)   59

Abb. 5: Lage des Sanierungs- und Entwicklungsgebietes Uranbergbau (IÖR 2000)   84

Abb. 6: Problemstruktur im Sanierungs- und Entwicklungsgebiet Uranbergbau (IÖR 2000)   85

Abb. 7: Bergarbeiterwohnsiedlung Johanngeorgenstadt-Mittelstadt in den 1950er Jahren (Foto: Stadtverwaltung Johanngeorgenstadt)   86

Abb. 8: Beeinträchtigungen der Flächennutzung im Sanierungs- und Entwicklungsgebiet Uranbergbau (IÖR 2000)   90

Abb. 9: Beeinträchtigungen der Flächennutzung durch radiologisch kontaminierte Bergbauhalden im Sanierungs- und Entwicklungsgebiet Uranbergbau (IÖR 2000 auf der Grundlage der Datenbank ALASKA)   91

Abb. 10: Sanierungsaufwand in Uranbergbaugebieten in Abhängigkeit von ausgewählten Faktoren (IÖR/Dienemann 2000)   93

Abb. 11: Kooperationsstrukturen im Sanierungs- und Entwicklungsgebiet Uranbergbau (IÖR 1999)   98

Abb. 12: Werbeplakat für den Ideenwettbewerb im Sanierungs- und Entwicklungsgebiet Uranbergbau (Freie Presse Chemnitz)   99

Abb. 13: Institutionelles Netzwerk im Sanierungs- und Entwicklungsgebiet Uranbergbau (IÖR 2000)   101

Abb. 14: Beeinträchtigung der Flächennutzung durch radiologisch kontaminierte Bergbauhalden im Stadtgebiet Johanngeorgenstadt (IÖR 2000 auf der Datenbank ALASKA) 107

Abb. 15: Aufgaben der Landesplanung in Sanierungs- und Entwicklungsgebieten (IÖR 2000) 138

Abb. 16: Aufgaben der Regionalplanung in Sanierungs- und Entwicklungsgebieten (IÖR 2000) 140

Tabellenverzeichnis:

Tab. 1: Vergleichende Beurteilung der finanzierungstechnischen Lösungsansätze   81

Tab. 2: Art und Anzahl der in der Datenbank ALASKA erfassten Objekte im Sanierungs- und Entwicklungsgebiet Uranbergbau (Entwurf: IÖR nach Datenbank ALASKA 1993)   99

Tab. 3: Ebenen der planerischen Bewertung von Umweltschäden im Sanierungs- und Entwicklungsgebiet Uranbergbau   106

Tab. 4: Finanzierungsmöglichkeiten von Sanierungs- und Entwicklungsvorhaben   113

Tab. 5: Definitionen der Raumkategorie „Sanierungs- und Entwicklungsgebiet"   120

Tab. 6: Sanierungs- und Entwicklungsgebiete im Verhältnis zu den Kategorien Freiraum und Siedlungsraum   123

Tab. 7: Wirkungsweisen von raumordnerischen Zielen und Grundsätzen   125

Tab. 8: Möglichkeiten zur Regelung der Umsetzung von in Raumordnungsplänen festgelegten Sanierungs- und Entwicklungszielen   126

Tab. 9: Größe von Sanierungs- und Entwicklungsgebieten   129

Tab. 10: Instrumente zur Umsetzung von Sanierungs- und Entwicklungszielen   131

Tab. 11: Staatliche Einflussnahme in Sanierungs- und Entwicklungsgebieten   135

Tab. 12: Finanzierung von Sanierungs- und Entwicklungsaufgaben   145

Marita Kasper

Deregulierung durch Umweltvereinbarungen in der Europäischen Gemeinschaft

Frankfurt/M., Berlin, Bern, Bruxelles, New York, Oxford, Wien, 2001. XVI, 300 S., 1 Tab.
Europäische Hochschulschriften: Reihe 2, Rechtswissenschaft. Bd. 3149
ISBN 3-631-37873-4 · br. € 45.50*

Den Anlaß für diese Dissertation bildete sowohl die expandierende Tätigkeit der Europäischen Gemeinschaft auf dem Umweltrechtssektor wie auch der von der Gemeinschaft angestrebte Einsatz neuer Instrumente anstelle der herkömmlichen hoheitlichen Handlungsformen. Gegenstand der Untersuchung ist die – angesichts der umweltpolitischen Aktivität der Europäischen Gemeinschaft aktuelle – Frage, ob und inwieweit gemeinschaftsrechtliche Umweltvereinbarungen zu einer Deregulierung des Gemeinschaftsrechts beitragen können. In diesem Zusammenhang werden insbesondere die Vertragsschlußkompetenz der Gemeinschaft sowie die materiellen Rechtmäßigkeitsanforderungen an Umweltvereinbarungen erörtert.

Aus dem Inhalt: Begriffsbestimmungen „Deregulierung" und „Umweltvereinbarung" · Vertragsschlußkompetenz der Gemeinschaft · Umwelt-, kartell- und grundrechtliche Voraussetzungen · Deregulierende Wirkung von Umweltvereinbarungen

Frankfurt/M · Berlin · Bern · Bruxelles · New York · Oxford · Wien
Auslieferung: Verlag Peter Lang AG
Jupiterstr. 15, CH-3000 Bern 15
Telefax (004131) 9402131

*inklusive der in Deutschland gültigen Mehrwertsteuer
Preisänderungen vorbehalten
Homepage http://www.peterlang.de